# 잠보, 탄자니아

세렝게티, 잔지바르

# 잠보, 탄자니아

세렝게티, 잔지바르

손주형 지음

이담
Books

'탄자니아'는 그 이름만 들어도 가슴이 뛴다. 처음 밟아 본 아프리카 대륙이고, 나의 첫 해외 근무지이기 때문이다.

최근에는 아프리카 관련 서적과 인터넷 블로그가 활발하지만, 내가 탄자니아로 떠날 때에는 정보가 없어 막막하고 답답했고, 어떤 곳일까 무척이나 궁금하고 초조해하던 기억이 난다.

탄자니아의 생활을 블로그에 기록해야겠다는 생각으로 하루하루를 기록했는데, 그 글들을 책으로 펴내게 되었다. 나의 글은 2개월간 탄자니아에서 지냈던 이야기이다. 아프리카 오지에서 혼자서 일을 했던 부정적인 시각보다는 여행하는 마음으로 글을 적고, 생활하려고 노력했다. 연휴를 이용해 여행을 가기도 했지만, 이 글을 읽는 분들은 아프리카 탄자니아에 아주 잠시 머물렀던 이야기라 생각해 주면 좋겠다.

아프리카는 텔레비전이나 신문에서 가난하고 힘든 삶을 살아가는 척박한 대륙으로 그려진다. 물론 그런 모습들도 많지만, 주어진 삶과 환경에 순응하면서 살아가는 더 많은 사람들이 있다. 살아가는 방식과 터전이 다를 뿐, 우리와 똑같이 괴로움을 느끼고 즐거움을 느낀다. 생활은 우리보다 풍요롭지 않지만, 오히려 더 많은 즐거움 속에서 살아간다고 느껴질 때가 많았다.

아프리카를 볼 때, '수십 년 전에 보았던 타잔의 모습'은 잊어야 한다. 물론,

이방인—문명의 이기에 상당히 노출된—이 삶의 터전으로 삼고 살기에는 너무나도 힘든 곳임을 고백한다. 그러나 누군가 아프리카를 이야기할 때, 그들의 삶이 애처롭게 느껴져 동정하기보다는 역동적이고 즐겁고 여유가 있는 탄자니아의 모습을 바라보길 바란다.

나는 우리나라의 무상 원조 사업인 한국국제협력단의 식수 개발 전문가로 탄자니아에 파견되었다. 앞서 척박한 땅에 발자국을 남긴 선배들 덕분에 우리나라는 도움을 받던 나라에서 도움을 주는 세계 유일의 국가가 되었다. 한국의 전문가 한 사람으로 탄자니아에서 근무할 수 있게 험난한 길을 닦아 준 선배들과 한국국제협력단에 감사의 말을 전하면서, 이 책이 나오기까지 고생해 주신 한국학술정보(주)의 관계자분들에게 감사의 말을 전한다.

손주형

# 프롤로그

일요일 오후, 부산에서 비행기를 타고 인천 공항에 도착했다. 첫 해외근무이기 때문에 나도 식구들도 무엇인가 모르는 불안감에 휩싸여 있다가, 출발하는 날 정신없이 집을 나섰다. 에미레이트 항공을 타고 두바이를 경유해 탄자니아 다르에스살람으로 들어가는 비행기 일정이다. 2개월간 먹고, 입고, 사용해야 할 짐들은 에누리 없이 30kg에 맞추어 수화물로 비행기에 실었다.

탄자니아에는 회사 동료인 이재주 씨와 함께 가게 되었다. 인천 공항에서 이재주 씨를 만나 커피를 한 잔 마시며, 떠나기 위해서 하루 종일 바쁘게 움직였던 몸과 마음을 쉬게 하니, 이제 한국을 떠나 아프리카로 간다는 현실이 덜컥 마음에 와 닿는다.

인천에서 두바이까지 약 11시간. 허리도 아프고 답답해 미칠 지경이다. 비행기를 타는 것은 언제나 고역이다. 지루한 시간이 지나고 드디어 새벽 5시경에 두바이 공항에 도착했다. 두바이 공항 슈퍼마켓에서 면도기, 로션 같은 물건을 몇개 사고, 아내와 아이들과 전화 연락을 했다.

앞으로 탄자니아행 비행기를 타기까지 5시간을 기다려야 한다. 하릴없이 의자에 앉아서 시간이 지나가기만을 기다린다.

탄자니아는 대체 어떤 모습일까?

# 사막을 만나다

두바이 공항에 5시간을 기다려서, 탄자니아 다르에스살람으로 가는 비행기를 탔다. 비행기에는 승객이 많지 않아 좌석이 많이 비어 있다. 날개 뒤쪽 창문가에 앉아서 밖을 바라보니 두바이 항구와 도시 모습, 그리고 그림으로 많이 보았던 인공섬이 눈에 들어왔다.

두바이도시가 끝날무렵 사막의 모습이 나타났다. 비행기 고도가 4,000m가 넘었는데, 사막의 모습을 완벽하게 볼 수 있다는 것이 너무나 신기하다.

보통, 비행기 창문으로 보이는 것은 구름뿐인데 사막에는 구름 한 점 보이질 않는다. 마치 항공사진을 보듯이 물이 흘렀던 자국과 자로 그려 놓은 것처럼 선 구조가 선명히 보였다.

비행기가 인도양의 근처로 가자 어김없이 구름들이 나타나 지상의 모습이 보이지 않았다.

망망 바다를 보는 것도 재미도 없고, 창문 커튼을 내리고 잠을 청했다.

사막의 선 구조, 직선이 선명하게 나타나 있다

# Contents

# 다르에스살람
## Dar-es-Salaam

## 아프리카 땅을 밟다

　다르에스 살람 상공에 비행기가 다다렀다. 쭉 뻗은 도로도 있고, 내가 상상했던 허허벌판에 아무것도 없는 도시는 아닌것 같다. 비행기를 내려서 공항으로 들어가니 날씨는 더운데 에어컨도 없고, 시설이 정말 열악하다. 이렇게 더운 곳에서 살 수 있을까란 걱정이 되기 시작했다.

　한국에서 비자를 받을 수 있지만, 탄자니아공항에서 도착비자를 받기로 했다. 입국장 옆 비자 발급 사무실에서 관광비자는 50USD(미국달러), 비즈니스 비자는 150USD의 수수료와 비자 신청서를 적어서 차례를 기다렸다. 비자를 발급받는 줄이 너무 길어서 1시간을 기다려서 겨우 비자를 발급받고, 탄자니아 입국 심사를 거쳐서 출구를 빠져나왔다.

　공항 출구에는 우리를 맞이하러 온 용역단장님이 기다리고 계셨다. 단장님을 만나니, 낯선 아프리카에 무사히 도착했다는 생각에 긴장이 풀렸다.

다르에스살람 거리

# 탄자니아의 첫째 날

공항에서 차를 타고 1시간 동안 달려서 호텔에 도착했다. 공항에서 오는 주요 도로는 포장도로였는데, 간선도로로 들어가니 비포장 길이 나타났다. 비포장 길을 몇 백 미터 들어가니 철제대문이 나타났고, 차의 경적을 울리니 경비원이 대문을 열어 주었다. 대문안에 주차장이 있고, 2층 가정집같이 생긴 호텔이 나왔다.

호텔은 하루에 45USD(미국 달러)이면서 아침 식사와 공짜 인터넷이 된다. 우리가 도착하기 전에 단장님께서 시내 여러 호텔을 열심히 돌아다니셨지만, 빈 객실이 없어서 이곳으로 왔는데, 단장님도 이 호텔은 처음이라고 하셨다.

객실은 좀 작고, 그렇게 깨끗하지도 더럽지도 않은 호텔이다. 처음 아프리카 호텔은 엄청나게 더러울 것이라고 생각했는데, 생각보다는 괜찮은 것 같다.

노트북을 충전하기 위해 전원을 사용하려고 하니, 전원 콘센트 구멍이 3개이다. 밑에 있는 2개의 구멍으로 내 노트북 전원 코드가 들어갈 것 같은데 도저히 들어가지 않아 호텔 직원에게 이야기하니, 콘센트 가운데 윗구멍에 볼펜과 같은 뾰족한 물건을 집어넣고 전원 코드를 밀어 넣으니 쑥 들어간다. 생각보다 너무나 간단했는데 혼자서 고민한 것이다.

전기 코드를 연결하고, 인터넷 랜선을 노트북에서 연결을 하니 인터넷이 가능해졌다.

아프리카에서 인터넷을 할 수 있다니! 그것만으로 충분하다는 생각도 잠시, 속도가 정말 느리다. 화상통화 같은 것은 상상도 할 수 없고, 메일을 확인할 수 있는 것만으로도 만족해야 할 것 같다.

시차 적응이 되지 않아서 저녁을 먹고 호텔로 들어와 바로 잠에 빠져들었다. 이렇게 탄자니아 생활의 첫째 날이 지나간다.

호텔 객실

## 현지식 정상 먹기

호텔에서 계란과 빵으로 아침 식사를 먹었다. 오전에는 대사님 면담과 한국 국제협력단 지역 사무소 방문 일정이 잡혀 있고, 오후에는 탄자니아 정부 측 사람들을 만나야 한다.

오전 일정을 마치고, 점심은 한국국제협력단 지역 사무소 앞에 있는 현지 일반인들이 가는 식당에서 점심을 먹기로 했다. 식당은 플라스틱 탁자와 의자가 가득 차 있었다. 메뉴판도 없고, 음식도 몇 종류 없다. 닭고기나 소고기를 선택하고 밥이나 감자칩, 우가리 중에서 하나와 음료수를 주문하면 끝이 난다. 나는 닭고기, 밥, 콜라를 시켰다.

음식을 주문하니, 종업원이 손을 씻는 따뜻한 물과 비누(꼭, 세탁용 세제와 비슷했다)를 가지고 우리 자리로 왔다. 식당 종업원이 따뜻한 물 주전자와 세숫대야를 가져와서 따뜻한 물을 손에 부어주니, 따뜻한 기운이 혈관을 타고 머리 끝까지 올라오는 것 같이 정말 상쾌했다.

손을 깨끗이 씻고 손으로 밥을 먹으면 되는데, 아직까지는 손으로 먹는 것이 이상하게 느껴져 포크와 숟가락을 달라고 했다. 숟가락과 포크를 가지고 왔는데, 얼룩이 남아 있어 화장지로 닦았다.

전에 읽은 어느 책에서, 남이 사용하던 숟가락과 포크를 사용하는 것이 위생적인가, 아니면 자기 손을 깨끗하게 씻어서 사용하는 것이 더 위생적인가라는 글을 읽은 기억이 갑자기 났다. 아무리 깨끗하게 씻은 포크와 숟가락일지라도 내가 직접 깨끗하게 씻은 손보다는 더러울 것 같은데, 나의 도구를 이용해야 한다는 고정 관념으로 손보다 더러운 포크와 숟가락으로 점심 식사를 하기로 했다.

아마 며칠이 지나면 나도 손으로 밥을 먹어야 될 텐데……

현지인 식당

## 현지 휴대폰

현지 휴대폰이 생겼다.

GSM 휴대폰에 심카드만 집어넣고 선불카드만 충전하면 휴내전화를 바로 이용할 수 있다. 한국으로 돌아간 직원의 휴대폰을 받아서 사용하기로 했다.

휴대폰은 삼성 휴대폰인데 정말 가볍고 쓸데없는 기능이 하나도 없다. 한국에서도 이렇게 간단한 휴대폰을 팔면 좋을것 같은데 너무 가볍고 기능이 전혀 없어, 배터리도 며칠 동안 사용할 수 있다.

전화 선불카드를 사서 휴대폰으로 PIN번호(금액이 포함되어 있는 12자리 정도 되는 숫자)를 입력만 하면 휴대폰에 카드 금액이 충전되고, 문자 메시지로 휴대폰의 남은 금액을 언제든지 확인할 수 있다.

한국 로밍휴대폰으로 한국에 전화할 때보다, 현지 휴대폰을 사용하니 훨씬 저렴하게 국제전화를 할 수 있어 좋다.

현지 휴대폰과 선불카드

주유소

점심을 먹고, 약속 시간까지 여유 시간이 생겨서 다르에스살람 시내를 구경하기로 했다. 따가운 태양과 낯선 거리와 사람들의 모습에 빨리 적응해야 할 것 같다.

시내에서 멋진 집이 있어 사진을 찍으니, 운전기사가 대통령궁이라고 이야기해주었다. 좋은 차들이 드나들고 쇠창살 뒤로 보이는 집의 모습이 좋아 보였으나 그렇다고 대통령궁처럼 보이지는 않았다.

정부기관이 있는 항구 쪽으로 갔다. 다르에스살람은 탄자니아의 최대 항구도시이고 경제적 수도이지만, 행정 수도는 앞으로 살아야 할 '도도마'이다.

도도마에는 국회만 있고, 나머지 모든 정부부처와 대통령은 다르에스살람에 있다. 평상시 국회의원은 다르에스살람에 거주하고, 국회가 열릴 때만 잠깐 도도마에 간다고 한다.

모든 지역의 균형 있는 발전을 위해 지리적 중심부인 도도마를 수도로 만들었지만, 계획했던 것처럼 수도로 성공하지 못했다. 도시에 살고 있는 사람들에게 물을 공급해야 되는데, 도도마는 생활용수가 부족해서, 일정 규모만큼 커지고는 멈추어 버렸다고 한다.

항구 근처로 도착하니, 갑자기 생선 냄새가 나기 시작했다. 정부 사람들과 회의를 마치고, 단장님께서 어시장이 유명한데 구경을 하겠느냐고 했지만, 멀리에서도 이렇게 심한 냄새가 나는데 시장에 가면 못 견딜 것 같아서 가지 말자고 했다.

몇 군데도 돌아다니지 않았는데, 저녁 시간이 되어 버렸다. 아직 시차적응이 되지 않아서 잠이 온다. 이곳에 2달간 있어야 하니, 오늘은 호텔에서 간단하게 저녁을 먹고 일찍 잠자리에 들기로 했다.

좋은 건물과 비포장도로, 수많은 자동차로 인해 생기는 교통 체증, 비좁은 버스들, 이러한 새로운 모습들은 내가 인터넷에서 보았던 탄자니아의 모습과는 조금 생소한 느낌이지만 손을 흔드는 아이들과 많은 사람들의 친절한 미소에 불안감은 사라지고 있다.

"이곳도 사람이 사는 동네구나"라는 느낌이 온다.

선착장

선착장 입구

번화가 거리

## 탄자니아에서는 되는 일도 안 되는 일도 없다

한국과 같은 생각을 가지고 있는 자는 아프리카에서 살 자격이 없지 않을까?

이제 3일밖에 되지 않았지만 모든 것이 아프리카의 방식대로 이루어지는 것 같다. 매일매일 시간에 맞추어 되는 일이 하나도 없다. 3일 동안 각종 약속들이 펑크가 나고 연기가 되고 있다.

탄자니아에서는 되는 일도 없고, 안 되는 일도 없다. 모든 일은 가능하지만 시간은 "신"만이 아는 것 같다. 우리는 24시간이란 큰 시계를 하루 단위로 움직이면서 계획하고 변경하지만, 이곳에서는 시계의 단위가 일주일 이상 되는 넓은 마음을 가진 사람들이라는 생각이 든다. 우리의 삶과 이곳의 삶을 맞추어 가기 위해서는 엄청난 참을성을 가져야 한다.

오전에는 지하수 개발을 하는 정부투자기관인 DDCA(Drilling and Dam Construction Agency)에 갔다. 우리나라에 존재했었던 "지하수 공사"와 같은 역할을 하고 있었다. 대부분의 장비가 낡았지만, 일본에서 원조로 온 새로운 장비들과 대형 착정 장비도 몇 대 보였다. DDCA 내부에는 한두명이 근무하는 작은 사무실들이 여러 개가 있고, 공터 한 곳에 많은 현장 근로자들이 모여 앉아 있었다.

DDCA에서 업무를 마치고 시외버스 터미널 앞에 있는 수자원국(Water

Resource)에 가서 우리 프로젝트 담당자를 만났다. 이런저런 이야기를 하고, 탄자니아의 수자원 정책과 한국의 수자원 정책과 같은 대화를 하니, 탄자니아 사람들이 몰라서 못한 것이 아니라, 우리가 가지고 있는 생각은 같지만, 아직까지 예산과 장비가 지원되지 않아서 못한 것이란 것을 알 수 있었다. 아는 것은 아마 나보다 더 많은것 같은데, 실행할 수 있는 그 무엇인가가 부족하다는 것을 느꼈다.

담당자 사무실에는 1970년대부터 많은 원조 국가에서 작성된 수자원 관련 프로젝트 보고서가 있었다. 우리는 식수관련 원조를 시작하는데, 많은 선진국들은 수십 년 전부터 벌써 많은 지원을 하고 있었다.

오늘 논의하기로 한 일이 진척은 있었지만, 완전히 풀리는 것은 하나도 없었다. 며칠 지나지 않았지만 한국처럼 금방 해결이 되는 것은 없다는 것을 깨달았다. 그렇지만 몇 번이고 계속 이야기하면 끝내 해결될 것 같다. 한국에서 소요되는 시간의 몇 배만 기다리면 일은 언젠가는 해결된다.

단, 중간에 몇 번씩 확인을 해야 하지만……

# 병원

　단장님이 목이 좋지 않아서 교민이 추천해 준 이비인후과를 갔다. 도도마에서 시내나가 다르에스실람에 오면 각종 필요한 일을 다 보아야 한다.

　병원 접수대에서 인적사항을 간단히 적고 진료비를 납부하니, 혈압과 몸무게, 체온을 측정했다. 조금 의자에 앉아 기다리다가 진료실로 들어가니, 의사선생님이 이것저것 물어보고 난 이후에 처방전을 적어 주셨다.

　처음 병원을 들어오기 전에는 올바른 진찰이나 할까 불안했기도 했지만, 진찰료는 비쌌으나 친절한 의사선생님의 모습은 좋아 보였다.

　처방전을 받고 병원 밖을 나가니, 소나기가 내려서 병원 입구에 큰 물웅덩이가 생겨 임시로 만든 철제다리(징검다리 형식)가 놓여 있었다. 다르에스살람의 메인 도로는 배수시설이 없어서 비가 오면 물이 빠져나갈 곳이 없어서 낮은 곳은 언제나 물웅덩이가 된다.

병원

갑자기 생겨난 병원 앞 도로에 물웅덩이

## 쇼핑몰에서

병원을 나와 약국에서 약을 사고 점심을 먹기 위해 병원 근처 쇼핑몰에 갔다. 도도마는 물건이 비싸고, 다양하게 없어서 다르에스살람에서 사 가는 것이 좋나고 해서 쇼핑몰에 있는 슈퍼마켓에 필요한 물건을 사러 들어갔다.

샴푸를 사려고 둘러보니, 한국에서 보았던 상표도 있고, 처음 보는 샴푸도 있지만 유럽이나 인도에서 온 생각보다 좋은 제품을 팔고 있었다. 집에서 사용했던 샴푸로 사이즈가 큰 것을 한 개 샀다.

식당가를 둘러보다가 일식집이라기보다는 분식집 같은 식당에서 점심을 먹기로 했다. 식당 안에는 플라스틱 테이블 2개가 있고, 외부에 몇 개의 테이블이 있었다. 6,200Tsh(탄자니아 실링, 5,000원)인 치킨덮밥을 시켰는데, 맛있지는 않았지만 먹을 만했다.

아프리카에서 일식 치킨덮밥을 먹을것이라곤 상상도 못했는데……

쇼핑센터(위) 치킨덮밥(아래 우)

# 세파 게스트 하우스

단장님은 한국에서 보내준 차량을 타고 도로아로 돌아가는 일정으로 나르에스살람에 오셨는데, 오늘 오후에 차량의 행정 처리가 완료되면, 새차를 타고 도도마(Dodoma)로 출발하기로 했다. 담당 공무원이 며칠째 "오늘은 된다"는 말만 계속하는데, 오늘은 진짜 된다고 했으니, 오후에 도도마로 출발할 준비를 했다.

오전에 세파(Cefa)라는 유럽의 NGO 단체가 운영하는 게스트 하우스에 잠깐 들렀다. 하루에 30,000Tsh(24,000원)을 하는 곳으로, 방안에 몇개의 침대가 있어 여러명이 한방에서 같이 저렴하게 자려면 추가 요금을 내면 된다. 인터넷이 공짜이고, 에어컨도 있고, 아침 식사도 주기 때문에 가격이 저렴한 편이다. 돈을 내면 빨래도 해 주기 때문에 깨끗한 시설에 저렴한 가격이라서 좋아 보였다.

다음에 다르에스살람에 오면 이곳에서도 한번 자 보아야겠다.

# 밀리마니시티(mlimanicity) 쇼핑센터

탄자니아에서는 교통 체증으로 이동 시간이 불확실하고 약속이 중간에 취소되거나 연기되는 경우가 많아서, 한국처럼 약속을 타이트하게 잡지 못한다. 만약 약속을 너무 타이트하게 잡으면 중간에 문제가 발생한 것 때문에 나머지 모든 일에 차질이 생겨서 더 큰 문제가 생길 것 같다.

다르에스살람은 도로가 많지 않아서 도심을 돌아다니며, 밀리마니시티 쇼핑센터 앞을 왔다 갔다 했는데 오전에 쇼핑센터를 잠깐 들르기로 했다. 쇼핑몰 입구에서 경비원이 차량을 통제하면서 내부에 있는 사람을 일일이 확인하고 바리케이드를 열어 주었다. 이렇게까지 할 필요는 없을 것 같은데 대부분의 식당, 호텔, 게스트 하우스, 쇼핑몰 등에서 경비원이 확인하고 문을 열어 준다.

쇼핑몰의 입구와 주차장은 선진국의 어느 쇼핑몰에 비교해도 손색이 없었다. 내부에는 넓은 통로가 있고 양쪽으로 각종 가게들이 있고, 청소하는 사람들이 계속 청소를 하고 있어서 실내는 정말 깨끗했다. 어떻게 보면 미국 쇼핑몰에 들어온 것으로 착각할 정도로 또 다른 탄자니아를 보는 듯했다.

텔레비전에서 보는 아프리카와 너무나 많이 차이가 난다.

쇼핑몰에는 옷 가게, 극장, 대형 슈퍼마켓, 서점, 전자제품점, 사진관 등이 있었다. 옷 가게에 들어가니, 한국과 비슷한 가격으로 옷들을 팔고, '슬레진저'와

'지오다노'라는 한국에서 보았던 상표도 있었다. "GAME"이라는 대형 슈퍼마켓에 들어가려고 가방을 보관하는 곳에서 번호표를 받고 가방을 맡겼다. 번호표는 복사용지에 번호를 프린터기로 출력해서 비닐 코팅을 해 놓았다.

"GAME"에는 식품을 제외한 거의 모든 잡화를 팔고 있었다. 전자제품, 낚시 용품, 골프 용품, 캠핑 용품, TV, CD, 메모리, 모기향, 무선 주전자 등 집에서 필요한 모든 물건이 다 있었다. 나는 형광펜과 면봉, 생수 한 병을 샀다. 생수는 300Tsh, 형광펜은 독일제 STAEDTLER사의 것으로 1,850Tsh, 면봉은 1,950Tsh을 주고 샀는데, 품질은 좋았지만 붙어 있는 가격에는 부가세가 포함되어 있지 않아 계산할 때 20%의 부가세를 내고 물건을 샀다. 세금이 너무 비싸다. 계산을 마치고 나오는데 영수증을 검사하는 경비원이 계산서와 산 물건을 확인도 하지 않고 확인 도장을 찍어 주었다.

슈퍼를 나와서 서점으로 가니, 소설책과 탄자니아 지도, 사파리 관련 책자, 사진작가가 찍은 화보집을 팔고 있었다. 지도를 몇 개 보다가 41,900Tsh하는 아프리카 전체 도로지도를 샀다. 앞으로 아프리카 지도가 과연 얼마나 필요할지 모르겠지만, 지도를 가지고 쇼핑센터를 나왔다.

밀리마니시티 쇼핑몰

## 오늘은 아니고, 내일에는 정말 된다

점심을 먹기 전에 차량의 진행 사항을 알아보기 위해 자동차 수출입 업체에 전화를 걸었다. 오늘은 분명히 가능하다고 했는데, 무엇이 잘못되었는지, 도저히 오늘 내로 처리가 불가능할 것 같다고 하면서, 내일은 꼭 될 것이라고 한다. 어제도 오늘까지 된다고 해서 불안하기는 했지만, 내일까지 기다린다고 일이 해결된다는 보장이 없을 것 같아 오늘이라도 도도마로 출발하기로 했다. 이번 도도마를 갈 때, 새 차를 타고 가려고 했기 때문에, 별도의 차량을 준비하지 않아 도도마로 갈 차량을 구하기로 했다.

계속 타고 다니고 있는 택시 기사에게 도도마까지 얼마냐고 물어보았다. 택시라고 하지만, 택시 표시도 미터기도 없어서, 일반 자동차와 구분이 되지 않는다. 도도마까지 가는 데 하루, 오는 데 하루, 1박 2일이기 때문에 하루 100,000Tsh씩 하고, 연료는 별도로 주어야 된다고 한다. 이렇게 저렇게 계산을 하니 거의 400,000Tsh(32만 원)은 달라고 하는 비용이다. 한 번 가는 비용 치고는 너무 비싸서 다른 방법을 찾아보기로 했다.

안전과 비용을 따져본 결과 내일 오전에 고속버스를 타고 도도마로 가기로 결정하고, 점심을 먹고 시외버스 터미널에 내일 갈 버스표를 예매하러 가기로 했다.

점심은 으깬 감자와 바닷물고기를 튀긴 것을 주문했는데, 물고기는 통째로

튀겼는데 생각보다 맛있었다. 이 정도의 맛이면 며칠 동안 계속해서 이 음식을 먹을 수도 있을 것 같았다.

생선과 으깬 감자

# 김치가 터졌다

인천 공항에서 두바이로 올 때, 비행기 기내식으로 나온 포장 김치를 먹지 않고 가방 속에 넣어 왔는데, 며칠 동안 따뜻한 가방 속에서 숙성된 김치가 터져 버렸다.

김치 국물이 새어 나와서 김치 냄새가 진동을 한다. 내일 아침 가방에 짐을 넣고 가야 하기 때문에 물로 씻는것은 불가능하고, 김치 국물이 흐른 자리만 화장지에 물을 묻혀 열심히 닦았지만 냄새가 가시지 않는다.

포장 김치라 안심했는데 아프리카의 따뜻한 날씨 때문에 접착 부위가 견딜 수가 없었던 것 같다. 아껴서 먹으려다 김치 냄새 폭탄을 맞았다. 아까운 김치를 버릴 수도 없으니 바로 먹기로 했다. 조그마한 포장 김치여서, 김치 몇 조각을 먹으니 끝이 났고, 국물까지 완전히 마셨다.

김치가 터져 가방을 씻는 번거로움은 있었지만, 예상치 않게 김치를 먹으니 왠지 힘이 솟는다.

## 차에 새겨진 문자

　지나가는 차량마다 신기하게도 유리창과 사이드미러에 숫자와 알파벳들이 적혀 있다. 운전기사에게 뒤 유리창에 왜 이렇게 문자가 적혀 있냐고 물어보니, 도둑들이 훔쳐가는 것을 방지하기 위해서 차량 번호를 적는다고 한다.

　자세히 보니 차량 번호는 유리창 외에도 사이드미러, 방향 지시등에도 적혀 있다. 문자는 못 같은 뾰족한 것으로 계속해서 끌어서 만드는 것이라고 한다.

　도둑이 얼마나 많으면 차량에 이렇게 하겠느냐 생각하니 돌아다닐 때 조심해야 되겠다는 생각이 들었다.

　한국사람 한 분은 도로에서 정체로 멈추었는데 도둑이 차 안에 사람이 있는데도 부품을 떼어가 버려서, 운전기사가 자동차 중고 물건을 파는 시장에 가서 다시 그 부품을 그대로 사 온적도 있다고 단장님이 이야기해 주셨다.

　이곳이 눈뜨고 코 베이는 세상일까?

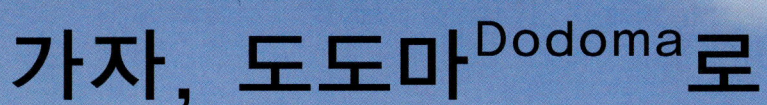

# 가자, 도도마Dodoma로

## 아침에 출발하는 버스는 취소되었어

아침 9시에 고속버스 터미널에 도착했다. 터미널에는 정말 많은 사람들로 붐비고 있었다. 버스를 타는 사람, 물건을 파는 사람, 손님을 기다리는 택시, 자기 회사 버스를 타라는 호객행위를 하는 사람까지 어디서 이렇게 많은 사람들이 나왔는지 궁금할 지경이다.

예약한 버스를 타려고 하는데 문제가 생겼다. 아침에 출발하기로 한 버스가 오늘은 운행을 하지 않는다고 한다. 프리미엄 버스를 예약했는데, 승객이 몇 명 되지 않아서 운행을 취소한 것이다.

일반적인 탄자니아 고속버스는 한 줄에 5개의 좌석이 있고, 프리미엄 버스는 한국의 일반고속버스같이 한 줄에 4개의 좌석을 가지고 있다.

도도마까지 일반 고속버스는 10,000Tsh(8,000원)이고, 프리미엄 고속버스는 13,000Tsh(9,400원)을 하는데, 여러 버스 회사가 동일한 노선에서 경쟁하면서 운행하고 있다. 우리가 예약한 콜린스 버스 회사에서는 오전 프리미엄 버스가 출발하지 않으니, 오후에 출발하는 자기회사 일반 버스를 타라고 한다.

버스 운행을 취소해서 미안하다고 해야 할 것 같은데, 오전이나 오후나 아무 때나 도도마에 가기만 하면 되지 않느냐라는 듯이 이야기한다. 오후까지 기다려서 늦게 도도마에 도착하면 불편할 것 같아 콜린스 버스가 아닌, 오전에 출발하는 사사비 회사의 프리미엄 고속버스를 타기로 했다. 콜린스 버스표를 사사비 직원에게 주고, 사사비 버스에 올라탔다. 콜린스 고속버스와 사사비 고속버스 직원들이 서로 왜 내 손님을 빼앗아 가냐고 언쟁을 시작했다. 아마 환불은 사사비 직원이 알아서 할 것 같다.

버스가 바뀌면서 출발 시간이 50분 늦추어졌다.

고속버스 회사 사무실

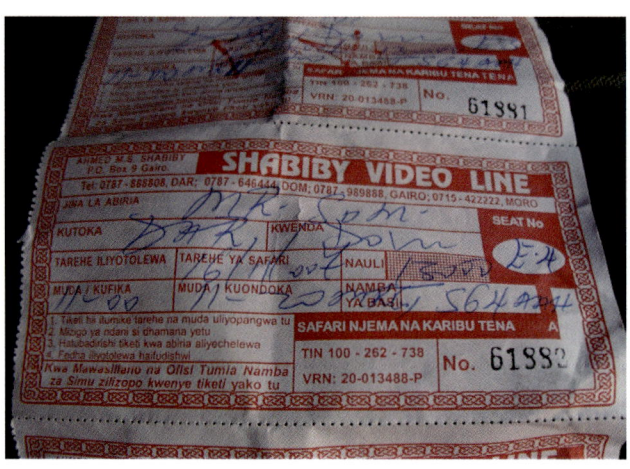

버스 티켓

버스 매표소가 있는 사무실

고속터미널 상가와 호텔

버스 터미널

다르에스살람에서 도도마까지는 6시간 이상이 걸리기 때문에 화장실에 갔다 오기로 했다. 터미널 맨 끝에 있는 화장실에 가니 입구에서 100Tsh(80원)의 사용료를 받고 있었다. 무료로 해도 될것 같은데 전혀 예상치 않은 유료 화장실에 가격도 너무 비싼 것 같았다.

GPS(위성위치확인시스템)에 사용할 건전지를 사러 터미널에 있는 상점에 갔다. 200Tsh(160원)하는 파나소닉(Panasonic)의 건전지인데 너무 싼 가격이 불안해서 2개만 실험적으로 샀다. 건전지가 어디서 만들었는지 살펴보니, 놀랍게도 탄자니아에서 만들어졌다. 탄자니아에 와서 맥주와 음료수를 제외하고는 처음 보는 Made in Tanzania이다.

이곳에는 대부분을 물건을 수입하기 때문에 맥주와 커피를 제외하고는 탄자니아에서 만든 것이 거의 없는데, 탄자니아 물건을 보니 정말 반가웠지만 성능은 역시 아니었다. 한국 건전지로 GPS를 사용하면 9시간 이상 사용할 수 있는데, 탄자니아 건전지는 2시간밖에 사용할 수 없었다. 믿었던 품질은 아니지만 그래도 너무 빨리 건전지가 다 닳아 버렸다.

유료 공공화장실

빵을 파는 사람

# 갑자기 들어온 손

버스 출입문이 닫히고, 버스가 움직이기 시작했다. 버스 터미널 안에서 천천히 출발했는데, 열려 있는 창문 사이로 지나가는 사람의 손이 갑자기 들어왔다. 너무나 갑자기 생긴 일이라 잠깐을 멍하게 있었다. 카메라를 훔쳐 가기 위해서 점프를 해, 채어 가려고 한 것이다. 만약 내가 카메라를 좀 낮게 들고 있었다면 카메라를 가져갔을 것이다. 빼앗기지 않았지만, 너무 갑작스러운 일이라 좀 놀랐다. 완전 눈 뜨고 당할뻔 했다.

터미널 노점상에서 생수, 땅콩, 쿠키를 샀다. 쿠키는 엉성한 포장에 바나나 쿠키라고 표시되었고, 맛있게 먹을 수 있는 기간(Best. Use. Before)이 3개월이나 된다. 진공 포장도 아닌데 과자인지 방부제인지 알 수가 없지만 일단 먹어보니, 단맛과 퍼석한 맛이 어우러져 맛있는 맛은 아니었지만 그래도 먹을 만했다.

다르에스살람 외곽으로 나가니, 시내와는 차이가 나기 시작했다. 도로에 운행하는 차들도 작아졌고, 집들의 형태도 달라졌다. 이제 내가 텔레비전에서 보았던 아프리카 거리의 모습이 나오기 시작했다.

바나나 쿠키(위 좌) | 건전지(위 우) | 중소도시의 상가지역(아래)

# 모든 것이 용서가 아닌 포기가 된다

중간 휴게소에서 감자칩과 소고기 꼬치구이(미시까기)를 판다

아프리카의 초원은 정말 넓은 것 같나. 몇 시간을 달려도 똑같은 모습들이고, 지평선이 보인다. 영화 "라이언 킹"에서 나오는 것들이 다 나타날 것만 같다. 구름, 초원, 흙집과 가끔씩 보이는 사람들, 포장된 도로를 달리고 있지만 긴 아프리카 초원은 단조로운 기나긴 여정 같다.

2시간을 달려서 휴게실에 도착했다. 휴게실이라고 하지만 허름한 식당 2개와 유료 화장실(땅도 넓은데 왜 돈을 받는지 이해할 수가 없었다)이 있다.

파는 음식을 둘러보니, 햄버거 같은 것은 없고 감자칩, 꼬치구이, 치킨프라이드를 팔고 있다. 깨끗하지는 않지만 즉석에서 감자칩을 튀겨 주고, 숯으로 꼬치구이를 한 것이 익힌 음식이라 가장 안전할 것 같아 주문을 하니, 검은 비닐봉지에 감자칩과 꼬치구이 몇 개를 담아 주었다. 한국에서 뜨거운 음식을 이런 비닐 봉지에 받았으면, 환경호르몬 이야기를 할 텐데 이곳은 아프리카니까.

　모든 것이 용서가 아닌 포기가 된다.

도도마로 가는 길에 있는 초원

모로고로(Morogoro) 가까이로 가니, 갑자기 차들이 늘어났다. 모로고로는 다르에스살람과 도도마 사이에 가장 큰 도시이다. 모로고로에서 탄자니아 북쪽으로 가는 길과 서쪽으로 가는 길이 나누어지는 교통요충지이다.

모로고로를 지나서, 점점 지루해지려고 하니, 버스 승무원이 캔디를 가지고 한 바퀴 돌면서, 사람들이 몇개씩 가져가도록 했다. 캔디가 끝이 나니, 이제는 음료수와 생수가 든 플라스틱 박스를 가지고 돌면서 무엇을 마시겠냐고 물어본다. 처음에는 돈을 받고 파는 것인가라고 생각했는데, 다른 사람들이 돈을 주는 것 같지 않아서, 내 앞에 왔을 때 공짜냐고 물어보고 생수를 달라고 했다.

프리미엄 버스이기 때문에, 버스 안에서도 비행기처럼 차내 서비스를 한다. 버스에서 캔디와 음료수 한 병의 서비스는 아프리카 버스에서나 받을 수 있는 색다른 경험이다.

# 카메라를 도둑맞았다!

오후 5시가 다 되어서 도도마에 도착했다.

도도마에 도착하니, 최종 목적지라는 생각에 푸근한 기분이 들면서 긴장감이 풀리고 피로가 몰려왔다.

도도마는 다르에스살람과는 엄청나게 차이가 난다. 도로변에 높은 건물은 보이지 않고, 단층 주택과 2~3층짜리 건물들만 조금 있다. 거리에 차도 몇 대가 보이지 않고 시골 마을에 온 듯하지만, 평화로운 느낌이다.

버스에 내려 시외버스 터미널에 나오니 택시 기사들이 자기 택시를 타라고 붙잡으며 우리 주위를 둘러섰다. 그런데 재주 씨가 갑자기 카메라가 없다고 한다. 등에 메는 가방에 카메라 케이스를 달아서 버스에서 내렸는데, 디지털카메라만 빼간 것이다. 재주 씨가 버스에서 열심히 사진을 찍는 것을 본 사람이 카메라가 가방 뒤에 나와 있으니, 그냥 빼간 것 같다.

혹시 버스에서 내리면서 떨어진 것은 아닌가, 주변을 둘러보기도 하고, 버스회사로 가서 물어보았지만 카메라는 찾을 수가 없었다.

도도마에 도착했다는 기쁨도 잠깐, 갑자기 분위기가 가라앉았다. 예전에 "내 뒤에 있는 물건은 내 것이 아니다"라는 말을 들은 것이 갑자기 생각났다. 지금 와서 이 많은 사람들 속에서 찾을 방법도 없고, 위로를 할 말도 없다.

탄자니아에 와서 비싼 수업료를 낸 것이라고 생각하라고 재주 씨에게 말했지만, 기분을 달래 줄 말은 아니라는 것을 안다.

도도마에 도착하자마자부터 아프리카의 쓴맛을 톡톡히 맛본 하루였다.

도도마 시내에 있는 각종 간판들

도도마에서 아침을…

도도마에서 첫 아침

오늘도 새벽에 일어났다.

아직까지 시차적응이 되지 않아서 탄자니아에 도착한 이후로 매일 새벽 4시에 일어나고 있다.

부엌으로 가서 전기 주전자에 물을 끓여 인스턴트커피로 머그잔에 블랙커피를 타서 마당으로 나오니, 새벽 공기가 너무나 상쾌하다.

내 방에서는 아직까지 어젯밤에 피운 모기향 냄새가 배어 있지만 텅빈 마당은 너무나 상쾌하다. 바람이 모기가 몸에 붙어 있을 틈이 없도록 적당하게 불고, 어두운 마당 한복판 플라스틱 의자에 앉아서 커피를 마시니 영화의 한 장면 같다.

커피를 마시고 방으로 들어가 어젯밤에 풀지 않았던 짐을 정리했다. 7시쯤 다른 직원들이 일어나면서 전기밥솥으로 밥을 해서, 한국에서 가져온 김치를 가지고 김치찌개를 만들어서 아침을 먹었다.

정말 오래간만에 먹어 보는 집에서 먹는 밥 같다.

## 밍크코트를 입은 사람

사무실로 가는 길에 인터넷을 사용하기 위해 전화카드를 사러 TTCL(Tanzania Telecom Company Limited, 탄자니아 전화회사)에 갔다.

우체국 옆에 있는 TTCL 사무실에 들어가니, 에어컨을 엄청나게 세게 틀어서 정말 추웠다. 밖은 더운데 안은 너무 춥다. 탄자니아 돈을 가지고 전화카드를 파는 부스로 가서 전화카드를 달라고 하니 앉아 있는 직원의 모습이 이상하다.

밍크코트를 입고 있다!

아니, 아무리 춥다고 하지만 판매 부스에 앉아서 밍크코트(진짜인지 가짜인지는 모른다)를 입고 있다니, 물론 실내는 좀 많이 추웠지만 에어컨을 끄고 온도를 높이면 될 것 같은데 밍크코트를 입고 사무실에 근무하다니, 정말 신기하다.

에어컨을 켜고 밍크코트를 입고 있는 사람을 어떻게 이해해야 하는지 모르겠지만, 세상은 이해하려고만 하는 것이 아니고, 그냥 받아들여야 하는 일도 있는 것 같다.

# 이곳이 앞으로 일을 할 사무실

사무실에 도착했다.

사무실은 도도마 Water Resource(수자원국)의 건물 인에 있다. 우리 프로젝트는 우리나라 무상원조 사업으로 도도마와 신양가 여러 지역에 식수 시스템을 만드는 것이다.

사람들이 너무 없어서 직원들이 어디 갔냐고 하니, 토요일은 휴일이라고 한다. 오늘은 토요일이라 사무실 전체가 조용하고 화장실 문까지 잠겨 있다. 우리 사무실은 건물 코너에 있는데, 바깥 날씨는 엄청나게 더웠지만 창문만 열면 바람이 불어와서 에어컨이나 선풍기 없이도 시원했다.

건물이 낡았지만 생각했던 것보다 책상과 건물은 깨끗했다. "ㅁ"으로 만들어진 건물 안쪽으로 조그마한 화단이 있고, 중앙에는 탄자니아 국가가 휘날리고 있다.

사무실에 도착하기 위해서 며칠이 걸렸다는 것이 신기하지만 탄자니아에서는 충분히 생길 수 있는 일이다. 삐걱거리는 의자에 앉아서 건물 밖 공터를 쳐다보니 화단에 꽃도 심어져 있고, 빈 공터에는 차량들이 주차되어 있다.

책상 위에 쌓여 있는 먼지들을 털어내고 서류 더미와 검토할 자료들을 보니 이제 할 일이 넘쳐날 것 같다.

사무실이 있는 도도마 수자원국

## 인터넷 연결

한국을 떠나서 인터넷을 접속 못 한 지 며칠이 되어 간다. 빨리 인터넷을 연결해서 이메일을 확인해야겠다는 생각으로 사무실 구석에 있는 무선 전화기를 찾았다. 무선 휴대폰과 원리는 동일하지만 모양은 일반 전화기와 똑같이 생겼다. 무선 전화기는 전원을 연결할 수도 있고, 시중에 판매하는 일반 배터리도 사용할 수 있다. 중국산 전화기로 USB선을 이용해서 컴퓨터와 연결하면 인터넷이 가능하다.

한국에서 가지고 온 노트북에 전화기 인터넷 연결 소프트웨어를 몇 번을 설치했지만, 치명적 오류라는 문제만 발생해서, 인터넷을 연결하다가 이렇게 치명적 오류가 계속 나타나면 노트북 사용에 문제가 생길 것 같아서, 내 노트북에서는 인터넷 사용을 포기했다. 인터넷을 다른 사무실 컴퓨터에서 사용하도록 했다. 탄자니아에서는 고장이라도 나면 고칠 곳이 없다는 것이 더 큰 고민이다.

출근하면서 사 온 전화카드로 전화기를 충전하고, 사무실에 있는 데스크톱 컴퓨터를 이용해서, 9M(메가)짜리 프로그램을 인터넷이 끊어지지 않기를 바라면서 프로그램 다운로드를 받았지만, 절반을 겨우 넘긴 5M(메가) 정도 받다가 인터넷 접속이 끊어져 버렸다. 이때까지 사용한 금액이 6,000Tsh(4,800원)인데, 프로그램 받는 것도 실패했고, 시간은 시간대로 소비하고, 전화기 충전 금액도 날려 버렸다.

이곳에서 인터넷을 한다는 것조차 쉬운 일이 아닌 것 같다. 다르에스살람은 도도마보다는 인터넷이 훨씬 하기 쉬웠는데, 인터넷 때문에 다르에스살람으로 돌아갈 수도 없는 노릇이고……

사무실 내부

# 도도마 호텔에서 점심 식사

도도마 호텔

사무실에서 자료들을 몇개 보지도 않 았는데, 점심시간이 되어 버렸다. 오늘 점심은 사무실에서 도보로 10분 거리에 있는 도도마 호텔을 가기로 했다. 도도 마 호텔은 도도마에서 가장 좋은 호텔 로 이층 건물에, 서양식 레스토랑과 중 국집, 수영장, 헬스클럽, 인터넷 카페 등 이 있다.

도도마에는 한국 식당이나 일본 식당은 없고, 도도마 호텔 중국 식당이 유일 한 동양식 요리를 먹을 수 있는 곳이다. 볶음밥, 탕수새우, 우동을 주문하니, 훌 륭한 중국요리는 아니었지만, 음식은 금방 나왔다.

점심을 먹고 식료품을 사기 위해서 시장으로 갔다. 시장은 커다란 공터에 천막 으로 비와 뜨거운 태양을 가려 주지만 내부는 어두웠다.

한국에서 가져온 수건이 한 장밖에 없어서 수건 가게로 가서 가격을 물어보 니, 7,500Tsh(6,000원)이라고 한다. 가게 주인과 흥정을 해서 7,000Tsh으로 수 건을 한장 샀다. 옆에 있던 운전기사가 흥정할 때는 조용히 있다가 내가 물건을 사고 나니, 5,000Tsh을 주고 수건을 싸야 한다고 귀띔을 해 주었다. 일단, 주인이 부르는 가격의 절반 정도를 이야기하고, 흥정을 시작해야 하는데, 오늘은 처음 흥정을 해보아서, 2,000Tsh의 수업료를 수건장사에게 주었다.

붉은색 긴 막대가 쌓여 있어, 운전기사에게 무엇이냐고 물어보니 집에서 사용하는 빨랫비누라고 한다. 긴 막대기를 적당한 크기로 잘라서 사용하도록 되어 있었다.

시장에서 계란, 감자와 같은 먹거리를 사서, 다시 사무실로 돌아왔다. 5시가 넘어가면 시장도 문을 닫기 때문에, 점심시간을 이용해서 장을 보고 다시 오후 업무를 시작했다.

시장에서 파는 빨랫비누와 주스

숙소

일요일 아침이다. 현장을 둘러보기 위해 아침 9시부터 렌터카를 기다렸다. 9시에 오기로 힌 기사가 10시가 넘어도 오지 않아, 운전기사에게 전화를 내어 왜 오지 않는지를 물어보니 곧 도착한다고 한다. 곧 도착한다는 렌터카는 12시가 넘어도 나타나지 않고, 아예 전화도 받지 않는다.

일요일 오전을 원하지 않았지만 숙소에서 쉴 시간이 생겼다. 숙소는 방이 5개 있고, 각 방마다 화장실이 있다. 시내와 떨어져 있는 외곽(차로 10분)에 있어 조금은 불편하지만, 지은지 얼마되지 않아서 깨끗하다.

집 안에는 모기도 많고 부엌에서는 바퀴벌레를 쉽게 볼 수 있었지만 도착한 첫날부터 바퀴벌레 박멸 작전을 펼친 덕분에 이제는 바퀴벌레가 잘 보이지는 않지만, 며칠만 신경 쓰지 않으면 바퀴벌레의 천지가 될 것이다. 방마다 침대와 의자가 있고, 주방에는 전기 히터, 냉장고가 있는 조건으로 한 달 임대료가 500,000Tsh(400,000원)이다. 물론, 여러 명이 같이 샤워나 빨래를 하면 물이 잘 나오지 않고 창문이 잘 맞지 않아서 창틀 사이로 모기가 들어오지만, 주변에서는 가장 큰 집이다.

방에는 한국에서 가지고 온 특대형 모기장을 설치했다. 침대와 의자, 조그마한 책상까지 들어갈 수 있는 사이즈여서, 모기장 안에서 의자에 앉아 책도 보고,

컴퓨터 작업도 한다.

　퇴근을 하자마자 모기향 여러 개를 방에 가득 피우고, 저녁을 먹고나서, 창문을 열어서 환기를 하고 있다.

　모기에 물리면 말라리아에 걸릴 위험이 높아지기 때문에 모기를 조심해야 된다.

숙소마당　　　　　　　　　　　　　　　　　　　침실

# 현장으로 가는 길

숙소의 식탁

렌터카 기사가 오후 3시 30분이 되어서야 나타났다. 차가 고장이 나서 늦게 왔다고 미안하다는 말을 하지만 도저히 이해가 되지 않는다. 늦었다고 계속 화를 내어 보았자 일이 진행되는 것도 아니고, 오후 시간이 얼마 남지 않았기 때문에 시내에서 한 시간 반 정도 떨어진 현장이라도 빨리 갔다 오기로 했다.

다르에스살람은 텔레비전에서 본 아프리카의 모습과 전혀 다른 발전된 모습이었지만, 현장으로 가는 길은 텔레비전에서 본 모습과 너무나 비슷했다. 흙으로 만들어진 집과 초원들이 펼쳐져 있었다. 사자나 코끼리는 보이지 않았지만 도마뱀, 독수리는 쉽게 볼 수 있었다.

현장으로 가는 시골길은 워낙 넓은 땅이라, 사람도, 표지판도 없는데, 렌터카 기사는 정말 길을 잘 찾아갔다.

현장에 도착하자마자 진행 사항을 파악을 하고, 어두워지기 전에 도도마에 도착하기 위해 출발을 서둘렀다.

현장을 보고 숙소에 도착하니 7시가 넘어 갔다. 이제 도도마의 5개 현장 중 한 개를 본 것으로, 오늘부터 강행군이 시작된 것이다. 차량에어컨이 고장나서 창문을 열고 다니니 머리와 온몸에 모래 먼지가 가득하고 비포장도로로 덜컹거리는 차를 타고 다니니 너무나 피곤하다.

빨리 샤워를 하고 잠자리에 들어야겠다.

# 새로운 일들

 

오늘은 도도마에서 거리가 좀 많이 떨어져 있는 현장 두 곳을 가기로 하고, 이침에 출발해서 비포장도로로 4시간을 달려 첫 현장에 도착했다. 공사 진척 사항과 잘못 시공된 것은 없는지를 확인하고 다음 현장으로 약 30분 정도의 차를 타고 가는데 자가용이나 일반 스포츠형 다목적 차량(SUV)으로도 도저히 갈 수 없는 험로용 지프차가 되어야 겨우 갈 수 있는 도로였다. 진짜 아프리카 오지 탐험을 시작하는 것 같았다.

두 번째 현장에 도착하니, 한국과 전혀 다른 공사모습이었다. 6m 높이의 물탱크를 만들기 위해서 바닥에서 벽돌로 쌓아 올리는데, 벽돌도 현장에서 만들고 철제 파이프가 아닌 나무 지지대를 사용하고 있었다.

교통이 좋지 않아서 아프리카 현지에 맞는 방식으로 공사를 하는 것 같다. 원하는 재료를 돈을 주고, 마음대로 살 수 없으니, 현장 실정에 맞는 공사방법을 찾는 것이 가장 중요할 것 같다.

현장의 이것저것을 둘러보고 도도마를 향했다.

## 버려진 장비들

탄자니아에 와서 가장 안타깝게 생각되는 것은 장비가 부족한 나라에서 많은 장비가 방치된다는 것이다.

공공 기관에 가면 아직 사용할 수 있을 것 같은 차량들이 그냥 방치되어 있는 것을 쉽게 볼 수 있다. 기름 값이나 수리할 예산이 없어서 차를 방치하고 있다고 한다. 그렇다면 빨리 폐차를 시켜 부품이라도 사용을 하든지, 고철이라도 팔든지, 필요하다면 잘 보관하든지 하는 생각이 들지만 그것은 나만의 생각인 것 같다.

엄청난 금액의 장비를 방치하면서 몇 년 동안 사용하지 않으며, 완전히 사용하지 못하는 장비가 되어 버린다. 아마 고철이라도 팔면 제법 될 텐데, 고철을 팔아서 고장 난 다른 장비의 수리비로 충당해도 될 것 같지만, 각종 폐차들이 사무실 옆 공간에 그냥 방치되고 있다.

나름대로 내가 알지 못하는 다른 이유가 많이 있겠지라고 생각하기로 하면서 장비들을 쳐다본다.

집에 쌀이 다 떨어져 시장에 갔다.

도도미에는 우리가 먹는 찰기가 있는 쌀(자포니카)은 없고, 찰기가 없는 쌀(인디카)들만 팔고 있다. 탄자니아 북쪽 지방에 있는 신양가에서 수확한 쌀이 가장 비싸서 신양가 쌀 5kg를 샀다.

식품 가게에서 계란을 사니, 비닐봉지에 쌀겨를 먼저 넣고, 계란을 담아 주는 완전히 친환경적인 포장시스템이다. 시장을 들어올 때부터 우리 주변을 맴돌던 아이들이 계란을 들어 주겠다고 한다. 어떻게 할지 몰라 의아해하고 있으니, 단장님이 그냥 계란봉지를 주라고 하셔서 봉지를 건네니, 아이들은 기분이 좋다는 듯이 비닐봉지를 들고 우리를 졸졸 따라다닌다.

시장에는 먹는 식료품과 현지 주민들이 주로 사용하는 물건들을 다 팔고 있다. 화장지, 베이비로션, 모자, 수건 등 대부분의 물건을 시장에서 해결할 수 있지만 냉장고나 냉동고를 가진 사람이 없기 때문에 냉동식품이나 냉장식품, 참치 통조림, 수입 과자 같은 것을 사기 위해서는 인도 사람이 경영하는 주유소 옆에 있는 슈퍼마켓에 가야 한다. 수입 물건 대부분은 케냐에서 들어온 것들이다.

시장에서 먹을거리를 사서 차가 있는 곳으로 돌아오니, 이때까지 따라다니던 아이들이 계란을 건네면서 100Tsh(80원)을 달라고 한다.

그제야 왜 이 아이들이 봉지를 들어 주겠다고 그렇게 열성적으로 따라다녔는 지 알게 되었다.

## 밀크세이크

오전에 단장님께서 다르에스살람에 차를 타고 가서서, 집으로 돌아가야 될 차편이 없이 재주 씨와 걸어서 시내로 나가 택시를 타고 집으로 가기로 했다.

천천히 걸으면서 시내를 둘러보니, 차에서 보는 것과는 사뭇 다른 분위기이다. 걸어 다니니 몸은 힘들지만 사람들의 사는 모습을 가까이에서 볼 수 있어 좋았다.

시내가 끝날 무렵 밀크세이크와 아이스크림을 파는 가게를 발견했다. 가게가 깨끗해서 안전할 것 같아서 밀크세이크를 주문했다.

주인이 얼음을 갈고 분주히 움직이더니, 5분 정도가 지나자 밀크세이크가 나왔다. 한 개의 크기가 엄청나다. 그런데, 한 개를 시켰는데, 2개가 나왔다. 처음 주문할 때 1개를 시켰다고 이야기하니, 별말 없이 한 개만 주었다. 1,000Tsh(800원)을 주고 밀크세이크를 받아서 다시 걷기 시작했다.

맛을 보니 정말 형편없다. 정말 맛없는 우유캔디맛이다. 재주 씨도 한 번 맛을 보더니, 도저히 못 먹겠다고 해서 아깝지만 버리기로 했다. 이곳 사람들은 이런 것을 먹기도 힘든데, 맛이 없다고 버리는 것이 좀 꺼림칙하지만, 도저히 맞지 않는 것을 먹다가 문제가 생기는 것보다는 과감히 버리는 것이 몸을 위하는 길이다.

밀크셰이크 가게

# 마사이 코트(Masai Court)

약국에 들러 모기 잡는 스프레이를 사서 계속해서 걸으니, 시내가 끝이 나고 사무실과 집 중간쯤에 있는 마사이 코트까지 와 버렸다. 마사이 코트는 우리가 도도마에서 돼지고기를 먹는 유일한 가게이다. 이슬람의 영향인지, 유목을 하는 사람들이라 돼지를 키우기 힘들어서인지, 이곳에서는 돼지고기를 먹는 사람이 거의 없다.

식육점에 가도 돼지고기를 아예 팔지 않기 때문에, 마사이 코트와 중국집에서만 돼지고기 요리를 먹을 수 있다. 인도인 슈퍼마켓에서도 냉동 소시지가, 돼지고기 소시지가 아닌 소고기 소시지인 것을 보면 돼지고기를 정말 먹지 않는것 같다.

마사이 코트는 맥주를 파는 작은 호프와 같은 맥줏집이다. 돼지고기는 무게 단위로 파는데, 500그램이나, 1킬로 단위로 주문하면 조리 방법은 단 한 가지, 돼지고기를 네모난 자갈 크기로 잘라서 냄비에서 오랫동안 구워서 나온다.

돼지고기 속까지 익어야 하기 때문에 주문을 하고 30분 이상을 기다려야 나오기 때문에, 안주가 나오기도 전에 벌써 몇 병의 맥주를 마시게 된다.

맥주를 마실 때에는 맥주 뚜껑을 한곳에 모아 둔다. 몇 시간 이야기하다 보면, 종업원이 우리가 몇 병을 마셨는지 기억을 하지 못한다. 메모라도 하면 좋으련만, 기억을 못하는 종업원을 위해서 맥주 뚜껑을 모아 최종적으로 계산할 때 사용한다.

지나, 지나

마사이 코트에서 저녁으로 맥주와 돼지고기를 먹고 나오니, 택시들이 멈추면 시 타고 가라고 했지만 조금 어두워도 2명이 같이 걸어가는 것이니, 위험하지 않을 것 같아서 집까지 걸어가기로 했다.

길가에 놀던 아이들이 우리를 보면서 "지나, 지나"라고 소리친다. 이곳에서 동양인을 지칭하는 말이 "지나(차이나)"가 되어 버렸다. 중국이 모든 동양인을 지칭하는 고유명사처럼 되어 버려서 지나가면서 만나는 아이들이 "지나, 지나" 하면서 알은척을 한다.

"지나"라는 소리가 나올 때마다 손을 흔드는 인사만 잠깐 하고 계속해서 걸었다. 중간에 말을 잘못하면 계속해서 몰려드는 아이들 때문에 빠져나갈 대책이 없기 때문에 아이들과는 일정한 거리를 두어야 한다.

이제 좀 한적해졌다라고 느낄 때쯤 자전거를 탄 사람이 갑자기 우리 쪽에 나타나서 말을 걸기 시작했다. 어디까지 가는지, 집은 어딘지를 물어보면서 계속 졸졸 따라온다. 점점 집요하게 여러 가지를 묻기 시작하더니 뜬금없이 자전거 바람을 넣게 200Tsh(160원)만 달라고 한다.

특별히 위험하다는 생각은 들지 않았지만, 계속해서 옆에 붙어 있으면 우리 주변으로 사람들이 몰려 위험할 것 같아서 주머니에서 100Tsh을 꺼내어서 돈을 주니, 고맙다고 하면서 자전거를 타고 사라져 버렸다.

자전거에 바람을 넣어야 한다는 사람이 돈을 받자마자 바로 자전거를 타고 가 버리니 조금 황당하기는 하지만, 점점 어두워지므로 이상한 사람들이 따라붙기 전에 빨리 집에 돌아가는 것이 최선이라는 생각에 발걸음을 재촉했다.

도도마에 있는 일반 가정집

# 우리 집 수도는 동네 주인들의 것

탄자니아의 고급 주택들은 집을 지키는 경비원이 있다.

우리 집 경비원 이름은 "이맘"이고 월급은 30,000Tsh(24,000원)인데, 정말 말을 듣지 않는다.

월급이 얼마 되지 않으니 말을 잘 듣는 것은 포기해야니 하겠지만, 다른 경비원에 비해서 좀 심한 편이다. 이맘의 집은 우리 집 앞에 있는 흙집이지만, 집주인이 임대를 주기 전부터 고용한 경비원이라 계속해서 고용하고 있다. 해고를 시키고 싶지만 잘못했다가 우리에게 해코지나 하지 않을까란 걱정이 되어서 임대가 종료되는 몇 달만 참기로 했다.

우리 집 주변에 조금씩 좋은 집들이 지어지고 있지만, 기존에 있던 흙집들과 최근에 만들어지는 좋은 집들이 섞여 있다.

우리동네에서 숙소가 하는 역할이 여러 가지가 있다. 담 위에 약 20개의 형광등을 매일 저녁부터 아침까지 켜 놓고 있는데, 우리는 안전을 위해서 형광등을 켜 놓지만 동네 주민에게는 유일하게 가로등이 있는 구간이고, 동네 아이들에게는 밤에도 밝게 놀 수 있는 공간이다.

우리 집에는 커다란 플라스틱 물탱크가 있는데, 수도가 공급되는 시간에 물을 저장했다가 우리가 퇴근해서 빨래와 목욕을 하는 데 이용하지만, 대부분의 수돗물은 경비원이 아는 동네 사람들에게 물을 나누어 주는 용도로 사용된다. 동네 사람들은 우리 집에서 물을 받지 못한다면 동네 어귀에서 물을 사 와야 한다.

우리가 출근하면 주변에 있는 사람들이 물을 받아 가지만, 가끔씩 저녁 시간이나 휴일 오후에도 물을 받기 위해서 동네 사람들이 나타나면 영어를 알아듣지도 못하는 이맘에게 우리가 집에 있는 시간에는 물 받는 사람이 못 오도록 하라고 주의를 주는데, 경비는 알았다고 하지만 잘 지켜지지 않는다.

우리가 퇴근해서 샤워를 하고 빨래를 할 수 있는 시간은 한두 시간으로 한정되어 있는데, 만약 밖에서 물을 받으러 오면 여러 군데에서 물을 동시에 사용하게 되어서 방 안의 물이 나오질 않는다. 베풀고 살아야 한다고 생각은 하지만 샤워를 하는 도중에 물이 나오질 않거나, 실컷 빨래를 시작했는데 물이 나오질 않는 경우를 몇 번 겪으니 최소한의 나의 생활은 해결된 후에 도와주어야겠다는 생각이 든다.

남자 3명이 잠만 자는 집에 동네 가로등과 수도가 되어 버린 결과, 한 달 전기료가 100,000Tsh(80,000원) 정도 나오고 수도료가 70,000Tsh(70,000원) 정도 나온다.

이 집의 임대 만료 기간도 2개월밖에 남지 않았기 때문에, 지금까지 해 오던 것을 갑자기 바꿀 수도 없고, 별 변화 없이 2개월만 살고 나가자는 생각으로 살고 있다.

많은 사람들이 봉사를 하러 아프리카까지 온다고 하지만, 제발 비누칠을 하고 샤워할 때는 물을 받으러 오지 않았으면 좋겠다.

우리 집 담장에 있는 형광등 도난 방지를 위해서 열쇠가 있다

우리 집 앞에 있는 흙집들

## 전화 통화의 즐거움

  탄자니아에서 가장 큰 즐거움은 아내와 아이들의 목소리를 듣는 것이다. 인터넷 메신저로 아내와는 아이들의 이야기와 시소한 결정 사항들을 문자 대화를 하지만, 아이들과는 전화 통화를 하는 것이 전부이다.

  도도마에 도착한 둘째 날, 도도마 호텔에 있는 인터넷 카페에서 화상 대화를 잠깐 5분 정도 할수 있어 정말 기뻐했지만, 그 다음 날부터 인터넷이 고장이 나서 고쳐지는 2주 동안 영업을 하지 않았고, 고쳐진 다음부터는 인터넷 속도가 엄청나게 느려져 화상 대화가 불가능해졌다.

  떨어져 있는 날짜가 점점 길어지면서, 아이들에게서 아빠의 존재가 점점 약해진다는 생각이 든다. 아이들이 아빠가 한국에 없다는 사실에 적응하고 생활을 잘하는 것은 대견하지만, "사랑해요, 아이 러브 유 뽀"라는 말만 하고 학원이나 다른 일을 해야 한다고 전화를 금방 끊어 버리면 왠지 섭섭하다.

  전화를 많이 하려고 해도, 전화 요금이 비싸니 전화를 길게 하지 못하고 금방 끊어 버린다.

  내 방은 휴대폰 전파가 잘 잡히지 않아 전화를 받을 때는 마당으로 나가야 하지만, 전화를 받으면 기분이 좋아진다.

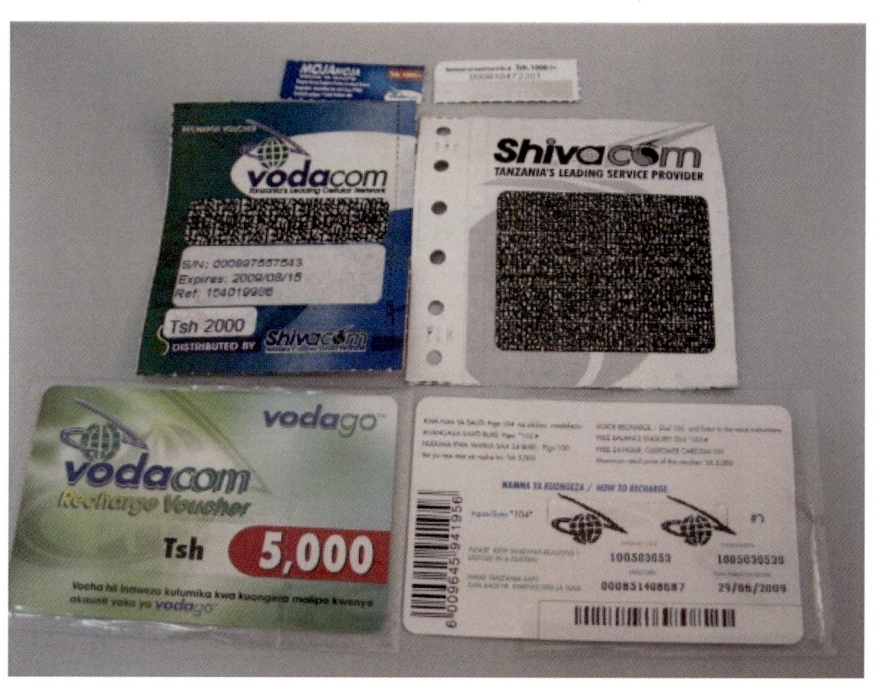

보다컴의 선불 전화카드(금액에 따라 형태가 다양하다)

신양가<sup>Shinyanga</sup>로
출장 가기

# 신양가 출장

오늘부터 탄자니아 북쪽에 있는 신양가로 출장을 가기로 했다. 신양가는 도도마에서 하루 종일 가야 하기 때문에 오전 8시에 출발하기로 했지만 오늘도 탄자니아 시계는 어김없이 늦게 돌아간다. 오전에 현장 업체 관계자가 사무실로 왔고, 운전기사가 주유소에 갔다 오면서, 개인 물건을 가지러 집에 갔다 온다고 하고, 아침부터 우리만 바빴지 다른 사람들은 전혀 바쁘지 않았다. 결국 8시를 계획했지만 11시에 도도마를 출발할 수 있었다.

오늘 출장은 2주 전 탄자니아에 도착하는 날부터 사용하려고 했던 차량을 어제 인수받아서 타고 가기로 했다. 이 차량은 원조 사업에서 현장 차량으로 사용하고, 프로젝트를 마치면 탄자니아 정부로 인계될 것이다.

자동 변속기 차량을 처음 운전하는 우리 기사에게 자동 변속 방법을 가르쳐 주었다. 기사는 몇 번 운전 연습을 하고는 씩씩하게 출발하자고 했다.

이곳에는 경찰차를 제외하고는 우리나라 차량이 거의 없다. 경찰차는 엑센트와 아반떼로 쉽게 볼 수 있지만, 경찰차를 제외하고는 일본 차량이 주를 이루고 있다.

일본과 운전석 방향이 같기 때문에 일본에서 많은 중고차가 수입이 되어, 승용차나 택시를 타면 차에서 일본어를 쉽게 볼 수 있다.

도도마에서 출발해서 시속 100km로 포장도로를 달리니, 새 차의 편안함을 느낄 수 있었다. 한 시간의 포장도로는 끝이 나고 비포장도로로 접어들었다. 이 도로가 도도마와 신가다를 연결하는 메인 도로인데, 안전벨트를 하고 앉아 있어도 몸이 계속해서 통통 튄다. 비포장도로의 거리가 절반이상이어서, 비포장도로라도 최소한 60km/hr 정도는 달려야 한다.

비포장도로 구간을 중국과 일본에서 포장 공사를 계속하고 있는데 빨리 완공되었으면 좋겠다.

빵/소니 사고

산길을 지나 조금 규모가 있는 마을로 들어가니 기름을 운반하는 유조차량
이 많이 보였다. 한국에서는 열차나 송유관으로 이송하지만, 이곳은 열차 시스
템이 잘 갖춰져 있지 않아서 차량으로 운반한다. 기름 운반 차량은 차량에 부착
된 탱크로리와 뒤쪽을 연결해서 끌고 가는 탱크로리를 붙여서 한대의 차량에 2
개 탱크통을 운반한다.

마을에서 정체가 발생했는지 차량들이 줄을 서서 천천히 달리다가 마을 중심
지에서는 차량들이 조금 가다 멈추기를 반복을 한다. 우리 차 앞에 있던 탱크로
리가 정차했다가 전진을 하려고 하는데, 천천히 뒤로 미끄러져 오는 것이다. 경적
을 세게 눌렀지만, 탱크로리 차량은 멈추지 못하고 계속해서 뒤로 밀려온다.

탱크로리가 1미터 정도 밀려오더니, 우리 차 옆 부분과 부딪쳤다. 하루밖에 되
지 않은 새 차인데, 커다란 탱크로리와 접촉 사고가 난 것이다. 탱크로리는 앞으
로 조금 전진하고, 우리는 차에서 내려 차를 둘러보았다. 차량의 옆쪽 부분이 완
전히 파손이 되었다. 탄자니아에 몇 대 없는 산타페인데, 고칠 부품을 한국에서
가지고 와야 할 것 같은데, 답답하다. 탱크로리 운전기사도 옆에서 답답한지, 우
리 차량을 보고만 있다.

보닛을 열어서 엔진룸을 확인하고 있는데, 갑자기 탱크로리 차량이 움직였다.

우리앞에 있던 많은 차량들이 우리가 서 있던 동안, 다 출발해 버려서 진행방향 도로에 차가 없어, 우리 눈앞에서 감쪽같이 사라졌다.

빵소니다. 정말 그 큰 차가 이렇게 빨리 움직일 줄 몰랐다.

엄청난 속도로 탱크로리가 도망을 갔는데, 도저히 어디서 찾아야 할지 막막해 있는데, 재주 씨가 차량 번호를 외우고 있다고 해서, 탱크로리이기 때문에 멀리 가지는 못할 것 같아 탱크로리를 찾기로 했다.

어떻게 차를 찾을지 모르겠지만 일단 빵소니차량을 찾아서 출발하기로 했다. 사고가 났어도 차량이 움직이는 데는 아무런 문제가 없어서 다행이다.

뺑소니차량을 찾으러 마을을 빙빙 돌았지만 탱크로리는 보이질 않았다. 탱크로리는 자체가 크기 때문에 계속해서 고속으로 다닐 수는 없어서 멀리 기지도 못했을 것 같은데, 차가 보이질 않는다. 우리가 가는 방향이 다시 밀리는 것을 보고, 반대 방향으로 차를 몰았다.

우리 차는 펜더 한 부분만 파손이 되었는데, 한국에서 부품을 수입하려면 두 달이상 걸릴 것 같은데, 두 달 동안 이렇게 다녀야 하는지 걱정이다. 다르에스살람에 있는 정비소를 하시는 분에게 전화를 내어서 차를 수리하려면 어떻게 해야 하는지도 물어보아도 직접 보지 않고는 수리비용을 예상할 수가 없다고 한다.

마을의 끝부분까지 거의 도달했는데, 차가 보이질 않는다. 이제 포기를 하고, 저 길에도 없으면 뺑소니차량을 찾는 것을 그만두기로 하고 차를 몰고가니, 탱크로리가 한 대 서 있었다. 탱크로리 근처로 가서 차량 번호를 확인하니, 재주 씨가 기억하고 있는 차량 번호이다.

차에서 내려 주변을 둘러보니 운전기사가 보이질 않는다. 일단 차량을 찾았고, 탱크로리 옆에 서 있으니 운전기사가 나타났다. 우리 운전기사가 탱크로리 기사에게 아주 화를 많이 내면서 이야기를 한다. 이때까지 우리 운전기사가 이렇게 화를 낸 적은 본 적이 없었다.

운전기사는 뺑소니친 것을 인정하고 순순히 같이 경찰서로 가기로 했다.

빵/소니는 죄가 아닌 것 같다

경찰서로 가서, 경찰관에게 사건을 설명하니 차량이 탄자니아 정부 차량으로 되어 있어서 인지, 협주를 잘해 주는 것 같았다. 일반적으로 외국인과 자국민이 문제가 생기면, 무조건 자국민들을 보호한다고 들었다.

경찰관이 차량 사고는 판정관이 와야 한다고 하면서, 판정관은 한 시간 정도 기다리면 올 것이라고 했다. 경찰관이 한 시간이라고 했으니 아마 두세 시간은 기다려야 할 것 같은데, 신양가로 도착할 시간은 점점 늦어지는 것 같다.

두 시간 정도 기다리니 판정관이 경찰서로 돌아왔다. 판정관은 우리 차와 트럭사고 현장을 갔다와서 양쪽 운전기사로부터 조서를 꾸몄다. 판정관 일이 모두 끝이 나니, 이제는 경찰관이 현지 조사를 해야 한다고 한다.

우리가 판정관을 기다릴 때 경찰관이 먼저 가서 일을 하든지, 처음부터 경찰관과 판정관이 같이 가면 될 것 같은데 행정절차가 판정관이 먼저 판정을 하고, 경찰관이 가야 하기 때문에 이런 융통성을 탄자니아에서 기대하기란 힘들다.

경찰관이 현장에 가서 사고 난 것을 그림으로 그리고, 경찰서로 돌아와서 다시 조서를 꾸몄다. 판정관이 한 일과 경찰이 한 일이 무엇이 다른지 모르겠지만 경찰관이 이렇게 접수된 사고는 재판까지 가야 한다고 한다.

재판을 하면 또 얼마의 시간이 소요되어야 차를 고치는 비용을 받을 수 있을

지 머리가 복잡해졌다. 최소한 3개월 이상은 걸릴 것 같은데, 소요될 시간보다 재판을 받기 위해서 법정을 왔다 갔다 해야 하는 번거로움이 더 걱정이다.

갑자기 이곳저곳 전화를 내던 탱크로리 운전기사가 합의를 하자고 하면서, 우리 차를 다르에스살람에 있는 탱크로리 회사 정비공장에서 고쳐 줄 수 있다고 한다. 탱크로리 회사 사장에게 전화를 내어서 수리를 해 준다는 확답을 받고, 일단 차량 사고를 마무리하기로 했다.

경찰관에게 만약 지금 합의를 했는데, 이 사람이 약속을 지키지 않으면 어떻게 하냐고 물어보니, 모든 사고 현황과 운전기사의 신상을 확보했기 때문에, 문제가 생기면 경찰서로 전화하기만 하면 된다고 안심하라고 하였다. 안심이 되지는 않았지만 갈 길이 멀기에 경찰 말을 믿고 다시 출발하기로 했다.

시계를 보니 벌써 오후 4시가 되었다. 빨리 출발을 해서 야간에 조금이라도 작게 움직여야 안전하다.

차량 사고는 해결되었는데 뺑소니를 친 것에 대해서는 전혀 아무런 말이 없다. 탄자니아에서 뺑소니는 죄가 아닌 것 같다.

경찰서

# 스탈린 오텔

사고를 해결하고, 4시간 동안 비포장 길을 달려서, 8시가 넘어서야 신기다에 도착했다. 신기다는 탄자니아를 횡단하는 많은 트럭 운전사들이 잠을 자고 출발하는 곳이라고 한다. 금요일 저녁이라 신기다 번화가 여기저기에서 시끄러운 음악 소리가 흘러나오고, 도로에는 트럭과 사람이 정말 많이 있다.

주변 사람들에게 물어 신기다(Shingida)에서 제일 좋다는 스탈린 모텔로 갔다. 탄자니아가 사회주의 국가였기 때문에 스탈린이란 이름이 공공연하게 사용되고 있다. 괜찮은 모텔이라고 하지만, 좋은 것 같다는 느낌이 들지 않았다. 구석진 시내에 깨끗해 보이지 않는 건물의 모습이었다.

스탈린 모텔은 1인실에 18,000Tsh(14,400원)이고, 에어컨도 없고, 어둡고, 싸구려 가구로 채워져 있어 방은 만족스럽시 않지만, 이곳이 신뢰할 수 있는 최선이라고 생각하기로 했다.

호텔 식당에서 늦은 저녁을 맛있게 먹고, 식당 앞거리로 나가니 도도마에서는 6시가 지나면 대부분의 상점들이 문을 닫는데, 신기다에서는 오후 8시가 넘었는데도 가게들의 문이 열려 있다. 가게의 물건이 많고 적음을 떠나서, 늦게까지 장사를 한다는 것이 신기했다.

호텔 주변의 가게에서 칫솔과 치약을 1,200Tsh을 주고 사니, 신문지에 말아서 주었다. 정말 오래간만에 보는 신문지로 포장을 받아 보았다.

칫솔과 치약(위). 신기다 호텔 주변 모습(아래 좌)과 객실 내부(아래 우)

신기다 스탈린 호텔 간판

바리아디에 도착

어제는 예상하지 못한 뺑소니 사고로 한나절이 지나가 버렸기 때문에, 오늘은 아침 일찍부터 움직이기로 했다.

아침 6시 30분에 아침 식사를 하려고 했지만, 레스토랑이 문을 열지 않아 신양가(Shinyanga)에서 아침을 먹기로 하고, 포장도로로 3시간을 달려서 10시 쯤 신양가에 도착했다.

오전에는 신양가 TANESCO(탄자니아 전력공사)와 전기 공급에 대한 협의를 해야 한다. 탄자니아는 주 5일 근무를 하는데 TANESCO는 토요일 오전에도 영업을 한다고 전화로 확인하고 방문했다.

몇 달 전에 전기 가설 공사의 견적을 받았는데, 견적을 받을 당시와 현재의 환율이 너무나 많이 차이가 나서, 공사비 문제로 TANESCO를 찾아가기로 했다. TANESCO에서 공사비를 탄자니아 화폐로 계산하고, 미국 달러로 계산해서 견적을 내었는데, 최근 환율이 내려가서 탄자니아 화폐 공사비는 그대로인데, 달러로 계산하는 공사비가 20% 이상 뛰어 버렸다.

우리의 이러한 사정을 전력 공사 책임자에게 이야기하니, 아무런 문제가 되지 않는다는 듯이 근거 서류와 공문서 한 장으로 모든 문제가 해결되었다. 한국 같으면 상상도 할 수 없는 일인데, 탄자니아에서는 되는 일도 없지만, 안 되는 일도 없는 것 같다.

탄자니아 전력 회사에서 일을 해결하고, 신양가에 있는 현지 토목 회사를 찾아갔다. 토목 회사 마당에는 식수를 공급하는 각종 자재들을 전시해 놓고 있었는데 내가 이때까지 볼 수 없었던, 각종 펌프를 한눈에 볼 수 있었다.

이 모든 펌프를 현장을 찾아다니면서 보려고 해도 몇 달은 걸릴 것인데, 각종 펌프가 한곳에 전시되어 있어서 탄자니아 현황을 파악할 수 있었다.

다양한 펌프들

# 종이로 만든 장난감

　토목 회사 마당앞 공터를 보니, 아이들이 뛰어놀고 있었다. 아이들이 무엇을 끌고 다니고 있어, 손짓으로 아이들을 불러서 가지고 있는 장난감을 보여 달라고 했다.

　아이들은 자랑스럽게 손수 만든 자동차를 보여 주었다. 조금은 조잡해 보였지만, 손으로 잘 만든 장난감이었다. 아이들을 자세히 보니, 한 아이는 슬리퍼를 신고 있고, 다른 아이는 맨발로 뛰어놀고 있다. 언제 이 아이들의 발에 신발이 신겨질지 모르지만, 하루 빨리 신발을 살 수 있는 날이 오면 좋겠다.

　아이들의 웃음소리를 들으니, 한국에 있는 딸아이들이 생각이 난다.

종이로 만든 자동차

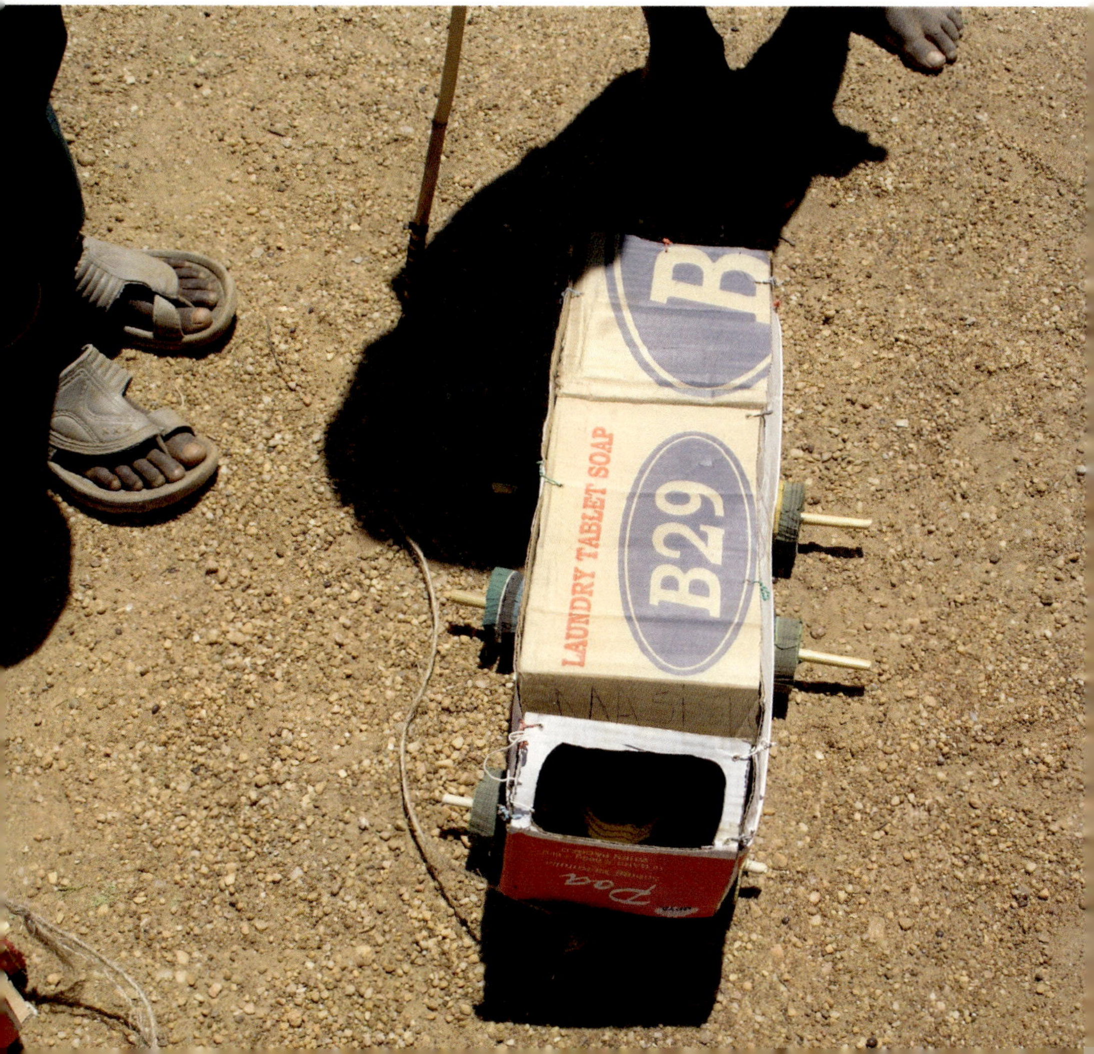

# 가지지 못하지만 행복하다

　신앙가에서 바리아디까지 비포장도로를 2시간 반을 달려서 현장에 도착했다. 현장에 도착하니, 동네아이들이 외국인 왔다고 구경하러 몰려들기 시작했다. 동네 아이들이 우리들 주위를 완전히 둘러싼다.

　디지털카메라로 사진을 찍으니 아이들이 자기도 찍어 달라고 한다. 내가 사진을 찍어서 나누어 줄 수 있으면 좋으련만, 사진을 찍어서 자기들의 모습을 보여 주어도 너무나 즐거워한다. 가지지는 못하지만 자기 모습을 보았다는 것으로 행복해하는 아이들이다.

　내가 어렸을때 외국인만 보면 신기해 했던것처럼 이런 시골지역에 나 같은 외국인을 보는 아이들은 얼마나 신기해할까…….

## 건설 현장

현장에서 땅을 파고, 물건을 나르는 단순 노동은 마을 주민들에게 일자리를 주고 있다. 마을 주민들의 일당을 물어보니, 단순 노동자는 5,000Tsh(1,000원)이고, 시멘트 작업을 하거나 특별한 기술이 있는 사람은 7,000Tsh이라고 한다.

땅을 파는 단순 작업이지만, 남자나 여자나 구분 없이 삽과 곡괭이로 일을 하고 있다. 힘을 쓰는 노동에 남자와 여자의 차이가 없다는 것이 우리와는 다른 모습이다.

현장 사진을 찍으려고 하니, 갑자기 놀고 있던 한 남자가 앞으로 와서, 사진 촬영을 위해서 열심히 일하는 포즈를 취했다. 계속 놀고 있다가 갑자기 일을 하는 척하는 사람이 조금 얄밉게는 보이지만, 땅을 너무 열심히 파는 모습을 한 장 찍었다.

이 동네 사람들이 우리 프로젝트로 물도 편안하게 마시고, 일을 한 돈으로 경제적으로 조금이나마 풍요로워졌으면 좋겠다.

현장을 둘러보고, 이것저것을 체크하다 보니 하루가 금방 지나갔다.

## 바리아디 최고 호텔

바리아디는 한국의 읍·면 소재지 정도쯤 되는 마을이다. 신양가까지 돌아가려면 다시 비포장도로로 2시간 반을 가기 때문에, 오늘은 바리아디에서 잠을 자기로 했다.

바리아디에서 가장 좋은 호텔이라는 곳을 갔다. 이때까지 잠을 잔 곳은 외국인들이 가는 호텔이었지만 현지인들만 가는 호텔은 처음이다. 하루에 15,000Tsh(12,000원)하는 호텔이지만, 벌레가 기어 다니고, 깨끗하지도 않다. 바리아디에서 잠을 자고 싶지는 않지만, 내일 일정을 위해서는 선택의 여지가 없다.

허름하고 어두운 객실에서 잠을 자려고 하니, 서글픈 생각이 들어 한국이 그리워진다. 내가 무슨 고생을 하자고 이런 곳에 왔는지, 이런 날일수록 빨리 맥주나 한 잔 하고 잠을 자는 것이 최선의 방법이다.

내일은 정말 깨끗하고 좋은 호텔에서 자야지라는 다짐을 하면서, 맥주를 한 잔 하고 방으로 왔다. 구멍 난 모기장과 언제 시트를 교체했는지도 모르는 침대에, 전기는 아예 들어오지도 않는다. 물도 잘 나오질 않아서 샤워는 포기하고 간단하게 세수만 하고 잠자리에 들었다. 자꾸 방만 보고 있으니 더 처량해진다.

빨리 잠이나 자자.

바리아디의 아침

밤새도록 창문 밑 발전기 소리 때문에 도저히 깊은 잠을 잘 수가 없었다.

새벽에 깨어서는 더 이상 잠을 잘 수 없어서 먼동이 틀 때 호텔을 나와 바리아디 동네를 산책했다. 동네 번화가를 걸어 다니니, 지나가는 사람들이 전부 이방인인 나를 쳐다본다. 내가 구경을 하려고 나왔는데 오히려 구경을 당하는 기분이다.

길가에 조그마한 어린아이만한 새가 서 있는데, 사람이 옆에 지나가도 도망가지도 않고 태연히 서 있다가 갑자기 날아서 나무 위에 앉았다. 나무를 보니 수십 마리의 새가 앉아 있다. 이곳에 있는 사람은 매일 보니 별로 신기해하지 않는 것 같지만 처음 보는 나는 정말 신기했다.

사람들의 아침에 분주히 움직이는 모습을 한시간 정도 보고 호텔로 돌아왔다.

바리아디 길가에 서 있는 새

밤새 내 창문 아래에서 시끄럽게 했던 발전기

# 칩스 앤 에그

바리아디 일을 마치고, 신양가로 가는 길에 점심식사하러 식당에 들어갔다. 오늘도 나의 식사 메뉴는 칩스앤 에그(Chip s & Egg)이다. 감자를 잘라 기름에 튀겨서 감자칩을 만들고, 계란 2개를 감자칩과 같이 전을 만들면 칩 앤 에그가 완성된다. 감자칩과 계란프라이를 같이 맛볼 수 있어서 좋고, 모든 조리 과정이 완전히 익혀지기 때문에, 위생상으로 큰 문제가 없다.

거의 모든 식당의 일반적인 메뉴이고, 칩스앤 에그와 콜라나 맥주를 같이 먹으면 점심 식사가 해결된다.

가격은 도시와 식당의 허름한 정도에 따라 차이가 있지만, 보통 1,000Tsh(800원)에서 1,500Tsh 정도 한다.

탄자니아에서 감자칩을 좋아해서 점심시간마다 감자칩을 먹으니, 운전기사가 나를 "Mr. Chips(미스터 칩스)"라고 부른다.

우리 동네 감자칩 가게, 유리찬장 안에 감자칩이 들어 있다

## 지성 박

바리아디 출장을 마치고 도도마로 돌아오는 길에 신기다에 있는 휴게소에 들어갔다. 신기다의 휴게소는 주유소와 식당이 같이 있다.

3일 전에는 신기다에 저녁에 도착해서, 아침 일찍 출발해서 호텔 주변 번화가만 볼 수 있었지만, 오늘은 오후에 도착하니 시내를 구경할 수 있었다.

휴게소 주유소에는 각각의 주유기에 직원이 혼자 앉아서 기다리고 있다. 저렴한 인건비로 개인별로 주유기를 관리하는 것 같다.

주유소를 지나가던 사람이 어디에서 왔냐고 물어보아서 "코리아"라고 이야기했더니, "지성 박"을 아느냐고 하면서, 자기 옷을 가리키면서 축구 선수 박지성의 맨체스터 유나이티드 유니폼을 보여주었다. 아프리카에서도 축구의 인기가 높아서 박지성을 아는 사람이 많다고 들었는데, 이 곳에서 박지성을 아는 사람을 만나다니 반갑고 신기하다. 아마 이 사람이 아는 유일한 한국사람은 박지성일 것이다.

휴게소 식당은 자기가 원하는 음식들을 본인 접시에 담아서, 카운터에서 음식 값을 계산해 주었다. 내가 먹고 싶은 것만 담을 수 있고, 음식도 깨끗했다.

휴게소 너머 공터에는 통신사 홍보 차량이 움직이고 있다. 차량 짐칸에 밴드들이 타서, 노래를 하면서 통신사를 홍보하고 있었다. 아프리카 통신 시장이 얼마나

큰지는 모르겠지만, 도로에 있는 광고는 대부분 통신사 광고들로 도배를 했다. 사람들이 많아서 수익을 가질 수 있는지 모르지만 너무 쉽게 통신사 광고를 볼 수 있다.

이동 통신사 홍보 차량                      주유소에서 박지성의 유니폼을 입고 있는 사람

지금까지 보았던
동물원은 잊어라
세렝게티 Serengeti

## 세렝게티로 가자

탄자니아에 도착해서 휴일도 쉬지 않고 현장을 돌아다니고, 신양가 출장을 갔다 오니, 업무들이 점점 반복적으로 돌아가기 시작했다. 거의 한 달 동안 쉬지 않고 일을 한 것 같다. 해외에서는 시간이 한정되어 있기 때문에 일도 몰아치기를 하는 것 같다.

이번 돌아오는 연휴를 이용해서 세렝게티가 있는 아루샤를 갔다 오기로 했다. 아루샤까지는 별도의 차량을 이용하지 않고 고속버스를 타고 가기로 했다.

세렝게티에 가기 위해서 인터넷을 검색하여 정보를 얻으려고 했지만, 인터넷 속도가 느려서 몇 개를 검색하다가 포기를 하고, 한국에서 가지고 온 "Lonely Planet"(영문으로 된 국가여행 안내책자)을 열심히 읽어 정보를 얻었다.

현지 직원과 같이 고속버스를 예약하고, 아루샤에 있는 교민이 하는 나누리 여행사에 전화를 내어 아루샤 일정을 예약했다. 한국 같으면 인터넷을 검색해서 쉽게 해결될 일인데 이곳에서는 가까이에 있어도 정보를 얻기 힘들다.

그렇지만, 세렝게티에 간다는 생각만 해도 설렌다.

# 5,000Tsh 줄게, 시외버스 터미널로 가자

아침 6시 30분에 아루샤로 출발하는 버스를 타기 위해, 5시에 일어나 세수를 하고 5시 30분에 집을 나서서, 큰 도로가 있는 길까지 걸어 나왔다.

너무 이른 시간이라, 도로에 도착했지만, 아직까지 어둡다. 가끔씩 봉고로 운행되는 버스만 보일 뿐 택시는 아예 보이질 않았다.

시내버스 정류장에서 지나가는 택시를 기다리고 있으니, 버스가 한 대 금방 출발했는데, 다른 버스가 또 한 대 들어왔다. 우리 집 앞이 버스 종점이기 때문에 많은 버스들이 대기하는 것 같았다.

봉고차에 20명도 넘는 사람들이 타는 비좁은 버스라 오히려 걸어가는 것이 더 편하다고 생각해서, 한 번도 버스를 타 본 적이 없었는데, 시간은 점점 가는데 택시는 오지 않고, 초조한 마음에 버스로 다가가 운전 기사에게, "시외버스 터미널 가자, 5,000Tsh 줄게"라고 말하였다. 버스 요금이 일인당 200Tsh 정도 하고, 택시로 시외버스 터미널까지 4,000Tsh 정도면 될 것 같아서, 버스 기사도 손해 보는 거래는 아니라고 생각해서 5,000Tsh을 불렀는데, 버스 운전사의 대답은 바로 "오케이"였다. 그냥 한 번 시도해 본 것이었는데 대답은 의외로 간단했다.

버스 안에는 기다란 나무 의자로 가득 차 있었다. 짐은 버스 지붕 위에 올리고, 사람들은 나무 의자에 비좁게 앉도록 되어 있었다. 사람들이 짐이 없으면 걸어가고, 짐이 있을 때만 버스를 타는 것 같다.

버스는 출발해서, 가는 길에 버스 안내원(남자)을 태우고, 손님도 한 명을 태워서, 출발한 지 10분 만에 시외버스 정류장에 도착하였다.

버스가 시외버스 터미널로 왔지만, 운행하는 도로만 타고 왔기 때문에, 노선에는 큰 변화가 없고, 시간만 조금 달라졌을 것이다.

탄자니아에 와서 가장 인상 깊은 일 중의 하나를 한 것 같다. 5,000Tsh으로 버스노선과 출발 시간은 무시되었지만, 나는 현지 버스를 타 보는 멋진 경험을 했다.

봉고형 버스, 새벽이라 사진이 흐리게 나왔다

# 고속버스를 타고 아루샤(Arusha)로

시외버스 터미널에는 많은 사람들이 바쁘게 움직이고 있었다.

탄자니아의 시외버스는 유럽 'SCANIA' 회사의 중고 버스를 주로 사용한다. 유럽에서 버스 내구연한까지 사용한 후 탄자니아에서 좌석을 교체해서 한 줄에 5명이 앉도록 2좌석과 3좌석의 의자를 설치해서 운행하는 것 같다.

버스 좌석이 사람들로 가득 차니, 이제 입석인 사람들이 타기 시작했다. 나와 재주 씨는 좀 편안하게 가기 위해 2명이면서 연결된 3좌석을 샀다. 10시간 이상을 가야 하니까 조금이나마 편안하게 가려고, 3명 좌석에 2명만 앉아 있으니, 서 있는 사람들이 부담스러워졌다. 내 옆 2좌석에는 아주머니 2명이 앉았는데, 한 아주머니는 애기 한 명을 다른 아주머니는 애기 한 명과 어린이 한 명을 데리고 있었다. 우리는 3좌석에 2명이 앉았는데, 바로 옆 2좌석에는 5명이 앉는 것을 보면 세상은 아이러니하다.

그렇다고 만약 1좌석을 양보하면 이 좌석은 아루샤에 도착할 때까지 우리 자리라고 보장할 수 없을 것 같아, 끝까지 주변의 눈초리를 꿋꿋이 무시하기로 했다.

도도마에서 아루샤까지 가는 데 1좌석에 22,000Tsh(17,600원)인데, 현지 사람들에게는 비싼 금액이기 때문에 우리같이 3좌석을 차지한 사람은 아무도 없는 것 같다.

도도마에서 아루샤까지 화장실 가는 횟수를 줄이기 위해 어제 저녁부터 아무것도 먹지 않았고, 아침부터는 물도 마시지 않고 있다. 외국인이 화장실에 간다고 차를 세워 달라고 하면 구경거리가 될 것 같아서 먹지도 마시지도 않고 있는데, 빨리 휴게소에 도착하면 좋겠다.

시골 마을의 상점

## 변화하는 물건들

도도마를 출발한 버스가 모로고로에 도착하니, 손님은 타는데 아무도 내리지 않는다. 수많은 버스들이 모이는 모로고로 버스 터미널은 차와 사람들로 넘쳐난다.

모로고로에 잠깐 멈추니, 물건을 파는 사람들이 차량 옆에 붙어서, 자기 물건을 사라고 진열대를 유리창까지 높이 올려 보기좋게 해주었다.

모로고로에서는 식빵을 주로 팔고, 가끔씩 플라스틱 노끈으로 만든 바구니를 유리창 옆까지 올려 주었다. 지폐를 주고 거스름돈은 어떻게 받는지 자세히 보니, 먼저 버스에 앉아 있는 사람이 돈을 보여 주고 물건을 잡으면, 거스름돈을 먼저 받고 돈을 주었다.

돈만 먼저 받고, 거스름돈도 받지 못하고 버스가 출발할 수도 있고, 거스름돈을 주지 않는 상인도 있을 것 같은데, 이것을 방지하기 위해서 먼저 돈을 보여 주었다.

다시 버스가 출발하니, 평지와 산간 지역이 번갈아 나타나면서, 비가 오기도 하고, 햇빛이 비치기도 하고, 안개도 끼고 변화가 계속해서 생겼다.

버스 유리창에 붙어서 파는 노점상들의 물건이 달라지고 있다. 바나나를 파는 것을 시작으로 한 시간 정도 지나니 파인애플을 팔았고, 다시 시간이 지나니

망고를 팔고 있다. 지방마다 날씨, 위치에 따라 생산품과 집의 구조와 만드는
재료도 달라지고 있다.

파인애플 농장                                    망고를 파는 노점상

# 즉석 좌석

출발한 지 5시간이 지나가니, 2좌석과 3좌석 통로에 즉석 좌석이 만들어지기 시작했다. 원형 플라스틱 통을 통로에 놓으니, 중간에 서 있던 사람들이 앉기 시작했다. 내 옆 즉석 좌석에는 2좌석에 5명이 앉아 있던 어린아이가 앉았다. 2좌석에 5명이 앉아 있어서 마음이 불편했는데 다행이다. 이 아이에게는 가지고 있던 초콜릿과 과자를 나누어 주었다.

몇 시간동안 달리고 있는 버스는 좀처럼 멈출 생각을 하지 않는다. 오후 12시가 되어 가는데 한 번쯤은 멈출 것도 같은데, 비가 와도 달리고, 햇볕이 쨍쨍 나도 계속 달리기만 한다. 중간에 잠깐 서면 승객만 내려 줄 뿐이다.

시간이 흘러, 오후 2시가 되어 가도, 멈출 생각이 없는 것 같다.

이러다가 아루샤까지 멈추지 않고 가는 것은 아니겠지.

모로고로 버스터미널

통로에 앉은 어린이                                   즉석 좌석

# 7시간 안에 도착한 휴게설에서 15분 휴식

2시 30분이 넘어가니 쉰다는 것이 포기가 되어 가고 있다. 배도 고프고, 물도 마시고 싶다. 계속 휴게소 생각만 하다 보니, 마음이 조급해지는 것 같아 포기를 하자고 생각하자, 버스가 코너를 돌아서 나무 울타리가 있는 집으로 갑자기 들어갔다.

7시간 만에 휴게소에 도착했다.

우리 좌석은 뒤편에 있어서 빨리 내리지는 못하였고, 내리자마자 화장실로 달려갔다. 화장실을 갔다 오니, 이제 점심을 먹어야 되겠다는 생각이 들었다. 휴게소에는 많은 버스들이 있었고, 개인들이 움직이는 랜드로버 같은 차들도 있었다. 휴게소는 많은 사람들로 붐벼 음식을 파는 곳마다 줄을 서야 한다. 재주 씨와 나는 각자 점심을 사서 중간에서 만나기로 했다. 나는 미시까끼(소고기를 작게 잘라서 꼬치 형태로 구운 것) 10개를 2,000Tsh에 샀고, 재주 씨는 감자칩과 치킨이 들어 있는 도시락[3,000Tsh(2,400원)]과 생수를 샀다.

휴게소 안에 앉아서 먹을 수 있는 좌석이 있었지만, 누가 짐을 훔쳐 갈까 봐 가방을 다 들고 내려서, 가방을 들고 다니는 것이 불편해 음식을 가지고 버스로 가기로 했다.

버스에 돌아와서 가방을 내려놓고 자리를 잡아서 점심을 펴는 순간 버스 시동이 걸렸다. 몇몇 사람은 황급히 들어오는 것 같았고, 시계를 보니 정확히 15분간을 쉬고 출발하는 것이다. 휴게소에 도착했을 때 15분을 쉰다는 이야기도 못들었는데[스와힐리어(탄자니아 공용어)로 했을지는 모르지만], 인원 체크도 없이 사람이 온 것 같으니 출발한다.

우리가 만약 휴게소에서 점심을 먹고 있었으면 차는 떠나 버렸을지도 모른다는 생각에 차로 점심을 가지고 온 것은 정말 잘한 선택이라고 생각했다.

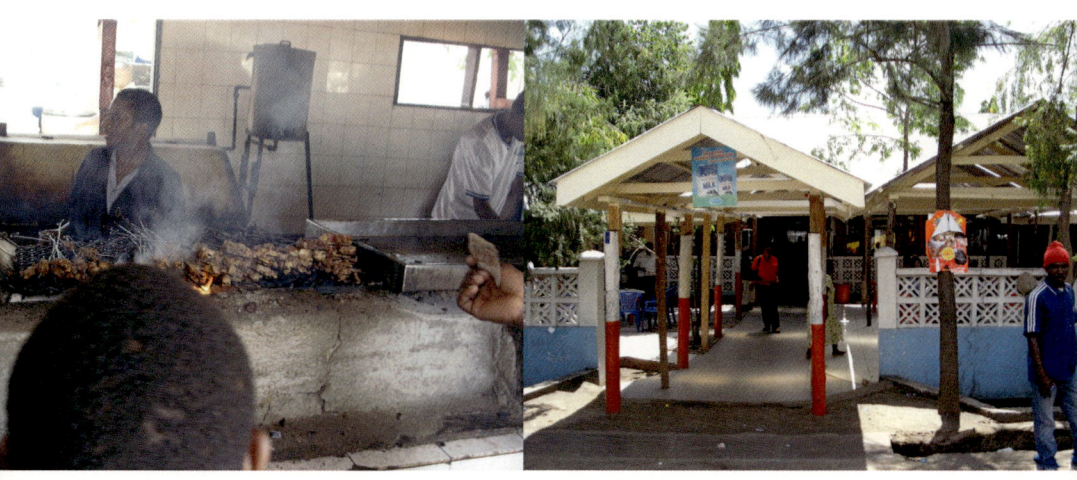

소고기 꼬치구이 (미시까기)를 굽는 사람         휴게소 입구

# 오시(Moshi)

휴게소를 출발한 버스는 주유소에 들러서 기름을 넣기 위해 10분 정도 멈추고는 계속해서 달려, 모시(Moshi)에 도착하였다. 모시는 탄자니아에서 서양 선교사가 가장 먼저 들어와서 교육을 많이 시켰기 때문에 교육 수준이 다른 지역에 비해서 아주 높은 곳이라고 한다.

도심은 깨끗하고 곳곳에 동상, 조그마한 공원 등 이곳이 정말 탄자니아인지 의심스러울 정도로 정리가 잘된 도시였다.

모시에서 아루샤까지는 한두 시간 정도 걸린다고 한다. 이제 점점 목적지에 다가가니 허리가 아파 오기 시작했다. 버스는 모시 시외버스 터미널에 들렀다가 다시 아루샤로 출발했고, 많은 사람들이 내려서 빈 좌석들이 보이기 시작했다.

모시를 출발한 지 얼마 되지 않아서 뒷바퀴에서 이상한 소리가 계속해서 들려서 버스가 정비소로 직행하였다. 언제 버스를 고쳐서 아루샤에 도착할지 불안감이 밀려왔지만 정비소에서 못 고친다며, 아루샤까지 천천히 간다고 하였다. 아루샤까지 천천히 달려서 12시간 만에 겨우 아루샤에 도착하니 어두워지고 있었다.

아루샤 터미널에서 나누리 여행사 사장님을 만나서 예약한 호텔로 들어갔다.

# 사파리 동료들

왼쪽부터 나, 재주씨, 세라, 세바스찬, 칼

탄자니아에서 가장 유명한 것으로 세렝게티 국립공원과 킬리만자로 산을 꼽는데, 킬리만자로는 며칠 동안 하이킹을 해서 올라가는 코스이기 때문에 시간상으로 나에게 불가능한 코스이고, 세렝게티를 둘러보는 것에 만족하기로 했다.

호텔에서 아침을 먹고 가이드 겸 운전기사를 호텔 로비에서 만났다. 텐트 캠핑을 하면서 다른 일행들과 동반하는 저렴한 코스를 예약했기 때문에 전혀 모르는 다른 일행들과 합류를 해야 한다.

사파리 차량에는 미국인 세라와 스위스인 세바스찬이 먼저 타고 있었다. 우리는 서로 간단하게 인사를 하고, 다국적 제약 회사를 다니면서 매년 한 달 이상 세계 여행을 하는 영국인 여행가 칼을 시내에서 만났다.

운전기사, 요리사 그리고 우리 5명을 합쳐서 7명이 랜드로버(사파리 차량)에 타고, 여행하는 동안 먹을 음식과 텐트, 각종 조리 기구를 차량 지붕에 올리고 실내에도 실으니, 짐과 사람으로 차 안에 빈 공간이 없다.

사파리 첫 일정으로 쇼핑센터에 가서 여행할 동안 마실 술과 생수를 사러 갔다. 맥주 6캔 3묶음과 조그마한 보드카, 초콜릿, 생수를 샀다. 술과 생수가 없으면 불편하기 때문에, 남겨도 좋을 만큼 충분하게 샀고, 초콜릿은 피곤할 때 먹으면 좋을 것 같아서 몇 개를 샀다.

아루사에 있는 쇼핑센터 전경

# 마니아라 호수 국립공원(Manyara Lake)

    도시락 점심을 먹고, 세렝게티에 가기 전 마니아라 호수 국립공원 사파리가 시작되었다.

    운전기사는 동물이 나타나면 무전기로 통신을 하면서 이곳저곳을 움직였다. 마니아라 호수에서 수많은 플라밍고와 코끼리, 원숭이들을 보다가 보니, 해가 넘어가고 있었다. 칼이 운전기사 타블로에게 차를 세워 석양이 지는 것을 보면서 있어도 되냐고 물어보았다. 타블로는 차에서 사람이 내리지 않으면 정차해 있는 것은 괜찮다고 하면서, 마니아라 호수에서 석양을 보며 사색에 잠길 시간을 주었다.

    모두 사파리 차량 지붕 위로 올라가서 자리를 잡았다. 칼이 와인을 꺼냈고, 운전기사 타블로가 차에 있던 이가 나간 유리잔을 한 개 찾았다. 유리잔에 와인

을 부어서 조금씩 마시기 시작했다. 칼이 먼저 한 잔을 마시더니, 주변 사람들에게 마시겠냐고 물어보았다. 우리는 전부 다 기다렸다는 듯이 차 지붕에서 와인을 나누어 마셨다.

유리잔 한 개로 5명의 와인 잔 돌리기가 시작되었다. 한국에서는 술잔 돌리기가 흔한 일이지만 한국인, 미국인, 스위스인, 영국인이 와인 잔을 돌리는 것은 정말 색다른 경험이었다.

약 1시간 동안 술잔 돌리기를 하면서, 5리터 와인 절반 이상을 마셔 버렸다.

아프리카의 석양을 보면서, 서로 와인을 먹었다는 기억은 평생 남을 것 같다.

사파리 차량 지붕에 앉아 석양을 바라보면서 와인을 따르고 있는 칼

# 응고롱고로(Ngorongoro)

　세렝게티로 가기 위해서 언덕길을 30분 정도 올라가니 응고롱고로가 나타났다. 응고롱고로가 한눈에 들어오는 높은 곳에서 사진을 찍고, 쌍안경으로 응고롱고로 내부 모습을 구경하였다.

　응고롱고로는 사화산 분화구로 누(gnu)와 얼룩말의 연례이동으로 유명하며, 커다란 분화구내에서 다양한 동물들을 일 년 내내 볼 수 있는 관광지이다. 응고롱고로는 세렝게티 사파리를 마치고 나올 때 보기로 하고, 세렝게티를 향해서 출발했다.

세렝게티 공원 매표

마사이 마을

　운전기사가 마사이 부족 마을에 가서 사진도 찍고, 집도 보고, 생활하는 모습을 볼 수 있는데, 한 팀에 50USD인데 구경할 것인지를 물어보았다.

　가격이 좀 비싸다는 생각은 들었지만, 영국인 칼이 가겠다고 해서 재주 씨와 나는 여행을 많이 한 칼의 결정을 따르는 것이 좋을 것 같아서 마사이 마을에 가기로 했다. 미국인 세라와 스위스인 크리스천은 너무 비싸다고 가지 않겠다고 해서 나, 재주 씨, 영국인 칼이 50USD를 나누어서 내기로 하고 마사이 부족으로 가기로 했다.

　마사이 부족에 들어가니, 여자들은 노래를 부르고 남자들은 높이 뛰어오르는 춤을 보여 주었다. 칼은 높이뛰기 춤 사이에 들어가 같이 춤을 추었고, 나도 높이뛰기 춤을 시도해 보았지만 쉽지는 않았다.

　마사이 가이드가 마사이 부족의 다양한 풍습 등을 설명해 주었다. 마사이들이 실제 사는 모습을 보기 위해 흙집 한 곳으로 들어갔다. 어른 한 명이 겨우 지나갈 정도의 입구로 머리를 숙이고 들어가니 오후였지만 햇볕이 거의 들지 않아서 정말 어두웠고, 오랫동안 조리와 난방을 위해 불을 피워서, 천장과 벽에는 숯검정이 덮여 있었다. 흙집 내부에 부엌, 침실, 창고가 있었다. 마사이족의 생활 및 풍속을 이야기하면서 말라리아에 걸리면 천연 약초를 이용해서 치료할 수 있다

고 하니 영국인 칼이 아프리카 식민지에 지배하기왔던 많은 영국 인들이 말라리아에 걸리지 않았던 것은 진토닉 때문이라고 이야 기하면서, 진토닉에 있는 성분이 마사이 부족이 먹는 천연 약초와 비슷하다고 이야기해 주었다. 제약회사 직원이라서 약학에 대해서는 아는 것이 많은 것 같았다.

마사이 부족 마을 구경을 마치고, 마사이 사람들이 직접 만든 기념품을 판매하 는 곳으로 갔다. 딸아이에게 줄 팔찌를 사려는데 5,000Tsh을 불렀으나 흥정을 해 서 2,000Tsh에 사서 마사이 부족 마을에서 나왔다.

마사이 부족 마을에서 춤을 추기 전에 준비하고 있다

세렝게티의 기념품 가게

마사이족 집안의 식기와 주방 도구

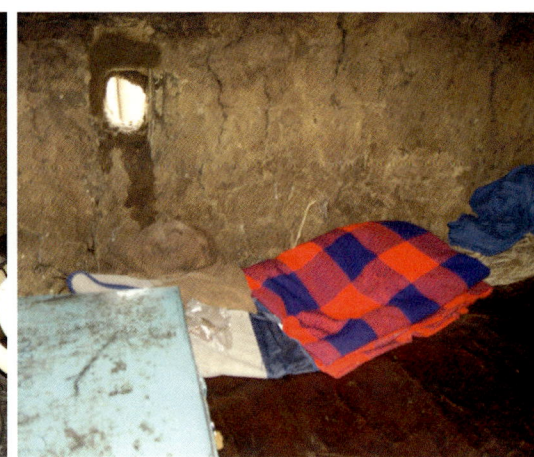

마사이족 집안의 침실

동물을 구경하는 사람들

## 비가 새는 텐트

침낭과 스펀지 매트리스

개인 텐트

밤부터 비가 내렸는데, 텐트가 오래되어서 마느질된 자리로 비가 스며들어서 텐트 안으로 물이 스며들었다.

새벽 소나기에 침낭이 완전히 젖어 도저히 추워서 잠을 잘 수가 없었다. 축축해진 텐트에서 나와 식당으로 이용하는 간이 건물로 갔다. 간이 건물이라고는 하지만, 블록으로 50cm 높이의 벽에 있고, 그 위는 철망으로 둘러싸여 있다. 지붕은 함석판으로 된 조그마한 간이 건물이다.

주방과 식당은 맹수들이 음식물이 남아 있으면 냄새를 맡고 습격을 해 올 수도 있어, 음식을 먹는 동안 맹수습격을 피하도록 철사 그물망이 덮여 있다. 그물망 속에 있으니, 내가 우리 속에 들어 있는 사람이고, 동물들은 언제 나타날지 모르는 것 같다.

캠프장 주변으로 바람에 움직이는 천이 있는데, 맹수들이 어두운 밤에 이 천이 움직이는 것을 보고 천과 싸움을 하기 때문에, 울타리가 없는 캠프장을 지켜준다고 하였다.

깜깜한데 혼자 간이 건물에 앉아 컴퓨터로 글을 적으니 운치는 나는 것 같지만, 이런 것이 사파리 여행일까. 잠도 못 자고 정말 춥다.

식탁에 앉아서 잠을 청해 보았지만 잠이 오질 않고, 추위에 한 시간 정도 떨다가 다시 텐트에 들어가서 잠자리에 들었다.

비가 새는 텐트는 정말 싫다.

맹수의 공격을 막는 천                    간이식당

## 아침 사파리

　겨우 잠이 들었는데 밖에서 깨우는 소리에 일어났다. 아침 사파리를 해야 한다고 한다. 세렝게티의 아침시간은 역동적이다. 동물들의 아침 사냥 시간에 맞추어서 관광객들도 따라 움직인다. 아침 6시부터 열심히 돌아다녔지만, 사자와 같은 맹수의 모습은 가까이에서 보지를 못하고 멀리서 기린과 사자가 대치하고 있는 모습과 레오퍼드가 나무 위에서 움직이는 모습을 보았다. 나무 위에 있는 레오퍼드도 워낙 멀리 있어서 잘 보이질 않았지만, 새끼가 나무에서 움직이는 모습은 성능이 좋은 디지털카메라 덕분에 볼 수 있었다.

　사파리에서 많은 사진을 찍다 보니, 디지털카메라의 배터리가 완전히 바닥이 났다. 어제 캠프장에는 전기가 공급되지 않아 배터리를 충전하지 못했는데, 더 이상 내 카메라로 사진을 찍을 수 없게 되었다. 아직 재주 씨 배터리가 남아 있어서 중요한 사진을 찍을 수 있지만, 남아 있는 카메라도 언제 배터리가 끝이 날지 모르겠다. 광대한 세렝게티 여행을 할 때는 여분의 카메라 배터리가 필수적이다.

　오전 9시가 되어 가니 배가 고파 왔다. 가이드는 맹수를 많이 못 보았기 때문에 계속해서 구경을 하려고 했지만, 우리는 비로 잠을 설쳐 아침을 먹으러 돌아가기로 했다.

　아침을 먹고 아루샤로 출발했다. 비포장길로 충청남북도를 지나가는 거리를 가야 할 생각을 하니, 정말 먼 것 같았다.

　오후에도 간간이 비가 내렸는데, 차가 오래되어서 유리창으로 빗물이 스며들기 시작했다. 맨 뒷좌석에 앉은 사람들이 맥주 캔으로 빗물을 받쳐 가면서, 세렝게티를 빠져나왔다.

세렝게티의 사파리 차량들(차량들은 비포장도로 외부로 들어가지 못하고, 비포장도로만 다녀야 한다)

심바 캠프장

# 지금까지 보았던 동물원은 잊어라

세렝게티의 마지막 일정인 응고롱고로를 돌아보기로 했다.

응고롱고로 내부는 분화구 위에서 급한 경사 도로를 타고 내려가, 하이에나, 코뿔소, 얼룩말, 버팔로, 가젤, 하마 등을 볼 수 있었다.

얼룩말과 버팔로는 너무 많이 보여서, 신기해 보이지도 않았고, 사파리 차량 앞을 천천히 걸어가는 코뿔소, 수십마리의 하마들이 호수속에 있는 모습, 가끔씩 보이는 하이에나들, 초원에 보이는 동물들의 일상은 너무나 평화로웠다.

세렝게티에서 보았던 동물들은 내가 지금까지 보았던 동물원의 동물들과는 전혀 다른 느낌이었다. 응고롱고로에서 살아 있는 많은 동물을 보며 감동을 느끼고, 세렝게티의 여행을 끝맺었다.

## 앉고 싶은 좌석에 앉아라

비행기 기내식

돌아가는 길은 버스로 가지 않고, 아루샤에서 다르에스살람까지 비행기로 가서 내일 아침에 도도마로 돌아가기로 했다. 아루샤 시내에서 킬리만자로 공항까지는 에어 탄자니아 무료 셔틀버스를 타고 가서, 보안 검색을 마치고, 공항으로 들어가니 다르에스살람 공항보다는 더 현대적으로 되어 있었다.

공항에는 유명한 관광지의 관문이라는 것을 느낄수 있듯이 기념품 가게들이 많이 있었다. 가게에서 생수 한 통과 과자 2개를 샀는데, 계산을 하려고 하니, 6,000Tsh(4,800원)이라고 한다. 물건을 잡기 전에 먼저 가격을 물어보고 계산대로 가지고 갔어야 하는데라는 생각이 들었지만, 공항이라 비싸게 받는 것이겠지라고 생각하기로 했다.

비행기 탑승 시간이 되어 활주로로 가는 유리문이 열렸고 비행기까지 걸어갔다. 프로펠러 비행기겠지라고 추측했는데, 내 앞에 보잉737제트기가 서 있었다.

비행기에 탑승해서 좌석을 찾으려고 하니, 남자 승무원이 아무 곳이나 앉으라고 하였다. 버스도 좌석 번호를 정확히 지정해 주는데 비행기에서 아무 곳에 앉으라고 하다니, 이해가 되지 않지만, 어쨌든 멋진 시스템이다.

항공권의 출발 시간이 8시 30분이었는데 8시 20분에 출발했다. 늦게 출발하는 것보다 빨리 출발하는 것이 나에게 좋지만 정해진 시간보다 더 빨리 출발하는 것이 좀 이상하기는 하다. 기내식으로 햄버거가 나왔고, 음료로는 콜라, 맥주, 물 같은 것을 서비스로 주는 것을 마시며 있으니 킬리만자로 공항에서 출발하여 약 45분 뒤에 다르에스살람 공항에 예상 시간보다 빨리 도착했다. 공항에서 택시를 타고, 세파 게스트 하우스로 갔다.

처음에 불안했던 비행기가 무사히 내려서 정말 다행이다.

킬리만자로 공항

# 다시 일상으로

## 주말엔 뭐하지?

다시 일상의 날들로 돌아왔고, 주말이 다시 돌아왔다. 토요일이지만 집에 있어도 할 일도 없어서 평상시처럼 아침 8시에 출근했다. 오후 4시가 넘어가니, 한두 명 있던 공무원들도 모두 집에 가 버리고, 경비원들이 눈치를 주는 것 같다. 평일에는 6시까지 일을 하다가 퇴근을 하지만, 주말에는 조금 일찍 퇴근을 하기로 하고 5시쯤 사무실에서 집으로 출발했다.

다르에스살람에 있는 사람들은 주말에 골프장이라도 가서 휴일이라도 보내겠지만, 도도마에는 골프장이나 골프 연습장도 없다. 주말이라고 해도 만날 친구도 없고, 가족들과 외식을 하는 것도 영화를 보러 가는 것도 아니니, 주말이나 평일이나 다를 것이 없다.

빨래를 마치고, 숙소 마당에서 맥주를 한 잔 하려고 모였다. 간단하게 맥주만 마시려고 했는데, 이야기 도중에 고기를 구워 먹기로 했다. 경비에게 동네 시장에 가서 맥주와 심부름 값인 콜라 한 개를 사 오라고 하고, 나는 마을 입구에서 숯 한 통에 250Tsh(200원), 소고기는 2kg에 6,000Tsh(4,800원)을 주고 샀다. 식육점에는 뼈를 포함해서 무게단위로 파는데 갈비, 살코기, 뼈 모두 1kg에 3,000Tsh(2,400원)이다. 식육점 주인에게 살코기만 달라고 했지만 살코기만은 주지 않고, 가장 많이 가지고 있는 고기 부위를 주었다.

숯을 피우려고 하니 시간이 많이 걸려서, 경비가 옆집에서 불이 붙어 있는 숯을 얻어 와 고기를 조그마하게 잘라 숯불 위에 올렸다. 숯불에서 구운 고기의 맛을 보니, 탄자니아 소고기 특유의 냄새와 고무를 씹는 것처럼 정말 질기다.

방목을 해서, 지방 같은 것이 없는 완벽한 근육질의 소들이다. 사료를 먹어 본 적이 없는 순수한 친환경 유기농 자연산들이지만 내가 고기를 먹는 것인지 고무를 먹는 것인지 구분이 되지 않았다. 그래도 마당에서 숯불에 고기를 굽고 맥주를 한 잔 하니 주말 같은 기분이 든다.

제발 출발 좀 하자

렌터카 운전사와 우리 프로젝트 전담 공무원 2명에게 오전 8시 30분까지 사무실로 오라고 약속했는데, 아침 8시 30분이 되어도 한 명도 오질 않았다. 렌터카 기사는 2분 뒤에 도착한다고 통화를 하였지만, 8시 50분에 공무원 한 명과 같이 나타났다.

지금 출발을 해도 기름을 넣으면, 또 늦어지기 때문에 렌터카를 타고 주유소로 향했다. 전화를 내어 다른 공무원의 위치를 물어보니 아직까지 집에 있다고 한다. 이곳의 시스템은 아직까지도 도저히 이해가 되지 않는다. 출근 시간이 지켜지는 경우도 있지만 그렇지 않은 경우가 더 많고, 중간에 어디로 가는지 사라지는 경우가 대부분이다.

어떻게 보면 현지인들이 먹는 일반적인 식사가 2,500Tsh(2,000원) 정도 되는데 공무원 월급이 250,000Tsh(200,000원) 정도이니, 많은 공무원들이 다른 직업을 가지고 있고, 개인 사업을 하는 사람도 많이 있다. 공무원을 하면서 다른 돈벌이를 해도 별문제가 되지 않는 것 같다.

공무원의 공식적인 근무 시간은 오전 8시부터 오후 3시 30분까지이고, 별도의 점심시간은 없다. 놀고 있는 것 같지만, 무엇을 부탁하려고만 하면 항상 바쁘다고 이야기한다.

주유소에서 기름을 넣은 렌터카 운전사가 시동이 잘 걸리지 않아서, 차량용 배터리를 교환하러 가야 겠다고 한다. 현장에서 시동이 걸리지 않으면 몇 시간을 낭비해야 하니 교환해서 출발하기로 했지만, 출발하겠다는 시간에서 벌써 한 시간이 지나가고 있었다.

제발 시간에 맞추어 출발 좀 했으면 좋겠다.

현장에서 사용하는 트럭

배터리 교환하는 모습

차량용 배터리를 준비하는 모습

# 마을 주인 회의

오늘은 식수 시스템을 이용할 조직을 만들어 주는 마을 회의를 하기로 했다. 아무런 약속이나 연락 없이 마을에 도착해도 30분 이내에 40명이 넘는 주민들이 모였다.

마을 회의를 하려고 계획하더라도 전화 예약 같은 것이 필요가 없다. 예약을 해 보았자 시간을 지키지도 않을 것이고, 전화가 잘 통하지 않는 지역들이 많이 있으니 전화 연락자체가 힘들다.

마을에 도착해서 회의를 한다고 사람을 모으기 시작하면, 확성기로 방송을 하는 것도 아닌데 어디에서 그렇게 많은 사람들이 마을에 있었는지 금방 모여든다.

우리는 앉아 있고, 같이간 공무원 2명이 열심히 이야기하면서 사람들에게 설명하고 있다. 스와힐리어로 하니 도데체 무슨말인지 알아 들을수 없으나, 내가 말한 내용이 잘 전달되면 좋겠다.

마을주민회의

# 도도마 역

아침 이른시간은 선선해서 걸어도 땀도 많이 나지 않아서, 운동도 할 겸 약한 시간 동안 전전히 걸어서 사무실로 출근하고 있다. 출근길에 도도마 역을 횡단하면 10분 이상 빨리 갈 수 있는 지름길이어서, 조그마한 문을 들어가서 도도마 역을 통과해 플랫폼까지 가로질러서 나온다. 아침에 출발하는 열차가 있는 날에는 사람들이 잠깐 동안 역에 내려서 세수도 하고 음식을 팔러 나온 노점상에게서 아침을 사서 먹는다.

오후에 기차가 출발하는 날이면 한적하던 도도마 역 앞 도로에는 장거리 기차를 타는 사람들의 필수품인 생수, 두루마리 휴지, 치약, 칫솔을 파는 리어카 장수가 나타난다.

기차표를 파는 곳에는 A4용지에 프린트된 가격표가 붙어 있는데, 거리에 비해서 가격은 정말 저렴하지만, 이동하는 시간이 버스보다 몇 배 더 걸리는 것 같다.

기차라도 잘 운행되면 내륙으로 운송이 원활할 텐데, 좀처럼 기차가 통과하는 모습은 좀처럼 보기 힘들다.

# 말라리아의 공포

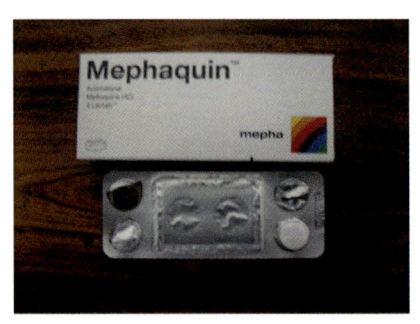

말라리아 예방약(15,000Tsh/일주일 1알)

우기가 되니, 주변에 말라리아에 걸린 사람들이 많아지고 있다. 렌터카 운전기사 부인도 말라리아에 걸렸다 하고, 사무실 공무원 한두 명도 말라리아에 걸렸다고 한다.

출근하는데 우리 집 경비원이 말라리아에 걸렸다고 해서 증세를 물어보니, 말라리아 같아 병원비를 주면서 오전에 꼭 검사를 받으라고 했다.

탄자니아에서 말라리아는 큰 병이 아니라고 생각한다. 감기를 걸리듯 병원에 가서 약만 먹으면 다시 건강해진다. 현지 사람들이 어릴 때부터 말라리아를 걸려본 경험이 많아서, 말라리아에 걸려도 감기처럼 약만 먹으면 지나가 버린다. 그렇지만 우리 같은 외국인은 말라리아에 걸린 경험이 없어 한번 걸리면 심하게 고생을 한다.

탄자니아의 말라리아 치료 기술은 한국보다 더 좋다고 하면서, 워낙 많은 환자를 치료하기 때문에 임상 경험이 훨씬 많아서, 탄자니아에서 말라리아를 걸렸다면 완치를 하고 자국으로 돌아가라고 이야기한다.

퇴근을 하면서 약국에 들러 소독약을 사서 집 안과 하수도를 소독했다. 말라리아는 모기에 의해 전염되기 때문에 모기가 있을 것이라 의심되는 곳은 모두 소독약을 뿌리니, 숙소 안이 소독약 냄새로 진동을 한다.

병원을 다녀온 경비는 다행히 말라리아가 아니라고 한다. 말라리아 환자와 같은 곳에 살면 말라리아 환자를 물은 모기가 같은 주변의 다른 사람들을 물어서 전염시킬 가능성이 높아지는데, 말라리아 전염 가능성이 줄어드니 일단 안심이 되었다.

오랫동안 아프리카에 거주하는 사람들은 말라리아 예방약이 간을 손상시키는 부작용이 있기 때문에 평소에는 먹지 않는다. 장기간 예방약을 먹으면, 말라리아보다 다른 신체 기관에 문제를 발생시켜 더 큰 병이 될 수 있어, 말라리아 증세를 정확히 외우고 있다가 증세가 나타나면 검사를 하고 말라리아 약을 먹는다.

물론, 잠깐 아프리카에 가는 사람은 예방약을 오랫동안 복용하는 것이 아니니, 예방약을 몇 번 먹어도 큰 부작용이 생기는 것은 아니므로 예방약을 먹는 것이 훨씬 좋다고 한다.

한국으로 돌아가는 날까지 건강히 돌아가고 싶은 마음뿐이다.

## 식빵

아침 식사로 식빵에 잼을 발라서 먹는데, 도도마에는 4가지의 식빵이 있다. 대부분 모로고로(Morogoro)에서 생산된 것인데, 3개는 상표가 있고, 한 개는 상표 없이 비닐 포장만 된 것이 있다. 식빵의 가격은 상표가 있는 것은 1,200Tsh(960원), 상표가 없는 것은 700Tsh이다.

오늘은 "SUPER"라고 적혀 있는 식빵을 샀다. 새로 시도한 식빵인데 먹을 만했다. 식빵에는 유통기한이나 제조 날짜 같은 것은 표기되어 있지 않다. 빵을 사면서 신선한 빵이기를 기대할 뿐이다.

딸기잼은 주유소 옆에 있는 인도사람이 하는 슈퍼에서 케냐에서 만든 것을 산다. 우유도 같이 마시려고 몇 번 시도했지만 이곳의 우유는 전지분유로 만든 멸균우유로, 도저히 무슨 맛인지 알 수 없다. 한국의 멸균우유 맛과 너무 많이 차이가 난다.

이런 시골에서 식빵으로 간단한 아침 식사를 할 수 있는 것에 만족한다.

식빵과 멸균우유

# 에메랄드 빛 바다와 검은 해안[*], 잔지바르 Zanzibar

# 크리스마스 연휴

크리스마스 연휴가 다가왔다. 주말과 크리스마스(25일)와 박싱데이(Boxing Day: 26일)로 연결된 연휴이다. 현지인들은 크리스마스가 시작되는 주부터 쉬기 시작해서 새해 연휴가 지나서야 휴가에서 돌아온다.

크리스마스는 커다란 명절 겸 연휴라서, 고향으로 가는 사람들이 많다. 우리는 하루라도 빨리 공사를 마치고 싶지만, 크리스마스라고 쉰다는 사람들을 잡아 놓을 수도 없고, 우리도 같이 연휴를 즐기기로 했다.

크리스마스 연휴에 갈 곳을 찾다가 잔지바르에서 근무하고 있는 우리 회사 직원을 만나러 잔지바르를 가기로 했다. 'Lonely Planet'을 보고 잔지바르에 대한 정보를 파악하고, 비행기 표를 예약했다.

도도마 공항은 부정기 공항으로 항공사 사무실이 없어서, 에어 탄자니아에 전화를 내어서 다르에스살람에서 토요일 오후 7시에 출발하는 비행기를 예약했다. 에어 탄자니아에서는 내일까지 비행기 표를 사라고 했지만 도도마에 있어서 출발하는 날 다르에스살람 공항에 가서 사겠다고 하니 알았다고 이야기했지만, 너무 잘 알아듣는 이 상황이 오히려 더 불안하다.

빨리 주말이 되기를 기다린다.

# 비행기는 출발했어!

 토요일 아침 도도마를 출발해서 오후 3시쯤 다르에스살람 공항에 도착하였다. 크리스마스 연휴 때문인지 공항에는 엄청나게 많은 사람들이 공항으로 들어가기 위해 보안 검색을 기다리고 있었다. 우리는 예약한 7시보다 빨리 잔지바르에 가는 비행기가 있는지 다른 항공사를 찾아다녀서 Precision Air사의 4시 30분 57,500Tsh짜리 항공권을 구입하고, 공항 안에 들어가는 보안 검색 줄을 섰다. 공항 밖에 있는 항공사 데스크에서 비행기 표를 사서, 공항으로 들어가기 위해 보안 수속을 기다리는 사람들이 너무 많다.

 긴 줄이 조금씩 움직이지만, 출발 시간이 한 시간 이상 남았으니 충분하겠지라는 생각으로 잔지바르 이야기를 하면서 기다렸다. 우리는 한 시간 정도 줄을 서서 4시 10분이 되어서야 겨우 공항 안으로 들어갈 수 있었다. 보딩데스크로 뛰어가서, 비행기 표를 주면서 탑승권을 달라고 했다. 빨리 수속을 해 주어야 할 것 같은데 아무 말도 하지 않고, 자기들끼리 이야기를 하면서 전화도 내고 있다. 기다린 지 10분 정도가 지나니 보딩데스크 직원이 비행기가 떠났다고 한다.

 미리 비행기가 떠났다는 말을 하든지 늦어서 안 된다는 이야기를 했어야 할텐데, 비행기가 떠나고 난 다음에 통보를 한 것 같았다. 지금 비행기가 떠난 것을 불평을 해 보았자 달라지는 것도 없을 것이고, 다음 잔지바르를 가는 비행기가 언제 출발하느냐고 물어보니, 오후 7시에 출발하는 에어 탄자니아 비행기 한 편 밖에 남지 않았고, 출발하지 못한 비행기 표는 공항 밖의 항공사 사무실에서 환불을 받으라 했다.

바로 공항 밖으로 가서, 재주 씨는 Precision Air에서 비행기 티켓을 환불하고, 나는 에어 탄자니아에서 항공권을 사기 위해 항공사로 뛰어갔다.

크리스마스 피크 시즌인데, 사람도 다 태우기 전에 빨리 출발해 버리는 비행기는 도저히 이해가 되지 않는다.

# 비행기 출발 시간을 종잡을 수가 없네!

공항 외부 항공사 사무실에서 표를 사는 재주 씨

에어 탄자니아 발권데스크에 가서 "예약했다"라고 말을 하면시 여권을 보여 주었다. 직원이 내 이름을 검색하더니, "너의 예약은 표를 안 샀기 때문에 취소되었다"라고 말을 하였다. 표를 예약할 때 불안했던 것이 현실로 돌아왔다. 너무 쉽게 예약이 된다는 생각에 불안했는데, 역시 나의 예상은 틀리지 않았다.

그럼, 남아 있는 표가 있느냐고 물어보니, 일반석은 하나도 없고 비즈니스석만 남았다고 하면서 발권을 할 것인지를 물어보았다. 오늘 잔지바르에 들어가지 않으면, 잔지바르 여행은 포기를 해야 할 것 같아서 80,000Tsh(64,000원)하는 비즈니스석 비행기 표를 샀다.

Precision Air에 환불하러 간 재주 씨가 돌아왔다. 항공사 데스크에 환불을 해 달라고 하니, 데스크에서 20%의 위약금을 내라고 해서, 지금 몇 시냐고 물어보면서 4시 30분이 되지 않았는데 비행기가 출발했는데, 내가 왜 위약금을 내야 하냐고 이야기하니 모든 돈을 환불해 주었다고 한다.

이번에도 공항에 늦게 들어가서, 비행기를 못 타는 일이 생기지 않도록 바로 공항에 들어갔다. 공항에 들어가기 위해서 줄을 서 있는 사람이 몇 명 되지 않아서 바로 들어갔다. 한 시간 전과는 완전히 딴판이다. 공항 안에 들어갔지만, 보딩 수속 시간까지는 너무 많이 기다려야 되어서, 공항 바닥에 앉아서 책이나 보면서 쉬기로 했다.

오후 6시, 데스크에서 탑승권을 교체해 주는 보딩이 시작되었다. 탑승권을 받고 게이트 의자에서 비행기 탑승을 기다렸다. 이번에는 출발 시간인 정각 7시를 넘겨서, 7시 10분부터 비행기에 탑승할 수 있었다. 오후에 Precision Air의 비행기는 빨리 출발했고, 에어 탄자니아 비행기는 늦게 출발했다. 도저히 비행기 시간은 감을 잡을 수가 없다.

비즈니스석에 앉아서 출발한 지 10분도 되지 않으니 잔지바르 공항에 도착했다. 내가 타 본 비행기 중에서 가장 짧은 구간이다. 잔지바르 공항은 아주 작은 시골 터미널 같은 느낌이다.

입국 수속을 하고, 짐을 찾아서 나왔다. 입국 수속이라고 하지만, 도장을 한 개 찍으니 끝이 났다.

잔지바르도 탄자니아 공화국이지만 외국인이 움직일 때는 잔지바르의 입국 수속을 하여야 한다. 외국인은 여권이 있어야만 입국할 수 있다. 탄자니아에 들어왔다고 여권을 가지지 않고 잔지바르에 들어갈 수는 없다고 한다.

공항 밖으로 나오니, 섬이라 습도가 높아서 온몸에 찍찍 들러붙는 느낌이 바로 들었다. 정말 힘들게 잔지바르에 도착한 것 같다.

* 탄자니아 공화국은 탕가리카와 잔지바르가 합병을 한 국가로서 두 나라 간에는 같은 화폐를 사용하지만 각 지역의 대통령과 장관들이 각가 따로 있다.

## 잔지바르에 도착

크리스마스 연휴라서 호텔객실이 없어서, 스톤타운 한복판에 위치한 피라미드 호텔에 짐을 풀었다. 도로에서 골목길을 500m 이상 걸어가야 겨우 찾을 수 있고, 크리스마스 연휴에도 25USD를 하는 저렴한 호텔이다. 방에는 침대만 있고, 화장실과 샤워장은 공동으로 사용해야 한다. 크리스마스 시즌에 이런 방이라도 얻은 것이 다행이다.

호텔에 가방과 짐을 두고, 저녁을 먹으러 해안으로 나가니, 탄자니아 본토와는 전혀 다른 느낌이다. 레스토랑은 크리스마스 시즌을 즐기려는 많은 외국인들로 붐비고, 조그마한 무대에서는 가수가 노래를 부르며, 식당에서도 관광지 분위기에 흠뻑 빠질 수 있었다. 저녁은 해산물 구이(Grilled Seafood)와 해물 피자(Seafood Pizza)를 시켜 먹었는데, 정말 오래간만에 먹는 신선한 해산물이다. 레스토랑에서 맥주와 저녁을 간단히 먹고, 시내에 있는 현지인 클럽을 구경 갔다. 건물 옥상 같은 곳인데 수많은 젊은이들이 춤을 추고 있었다. 잔지바르 사람들의 종교는 이슬람인데 술도 마시고 춤을 추는 곳이 있다는 것이 신기했다. 물론 술을 마시는 사람보다는 콜라를 마시는 사람이 더 많이 있었지만, 내가 생각했던 이슬람 문화와는 전혀 다른 느낌이었다.

잔지바르의 클럽을 구경하고 호텔로 돌아왔다.

에메랄드 빛 바다와 검은 해안, 잔지바르Zanzibar **183**

# 120년 된 호텔

호텔 내부

피라미드 호텔은 만든 지 120년이 되있는데, 방에는 에어컨도 없고 천정에 선풍기 한 대만 있다. 재주 씨와 같은 방에서 잠을 잤는데, 더워서 도저히 잠을 잘 수가 없었다. 새벽 5시에 깨어 혼자서 산책을 하기로 했다.

새벽 거리에는 운동을 하는 사람, 일터로 가는 사람, 바다에 떠 있는 수많은 보트들, 정말 평화로운 분위기였다. 시내의 도로를 걸을 때쯤 점점 밝아지면서, 사람과 차가 많아져 피라미드 호텔로 돌아왔다.

호텔옥상으로 올라가서 주변을 둘러보니, 건물들의 벽이 모두 흰색이고 양철지붕이 덮여 있었다. 호텔은 3층 건물로 내가 잠을 잔 방은 1층에 있었는데, 옆 건물들과는 너무 다닥다닥 붙어 있어 더운 열기가 빠져나가지 않아서 어젯밤에 그렇게 더웠던 것 같다. 호텔 실내는 오래된 침대, 출입문, 전등갓 등으로 고풍 그 자체였다.

더워서 잠은 못 잤지만, 왠지 120년 된 호텔에서 잠을 잤다고 생각하니 박물관으로 사용될 유서 깊은 곳에 온 것 같다.

호텔 옥상에서 바라본 주변 모습

돌고래 사파리

잔지바르는 관광지라기보다는 휴양지에 가깝다. 해안에 앉아서 쉬는 곳이기 때문에, 돌아다닐 곳이 많지 않다.

오늘은 돌고래 사파리를 하기로 했다. 예약한 택시에 짐을 싣고 해안으로 출발했다.

택시라고는 하지만 택시라는 표시가 있는 것이 아니고, 일반 자가용에 관공서에서 발급하는 택시 허가증을 사면 택시가 된다고 한다. 이러한 택시 허가증은 하루 단위로 살 수 있기 때문에, 택시를 하는 날만 산다고 한다.

잔지바르 시내에서 약 1시간 정도 달려서 해안에 도착하니, 유럽 여행객들이 돌고래 사파리를 마치고 돌아오는지, 무리를 지어 해안에서 나오고 있었다. 해안에는 배들이 정박해 있고, 관광객을 제외하고 정말 조용한 해안이다. 꼭 봄가을에 한적한 시골 해수욕장 같은 느낌이다.

돌고래 사파리 가이드가 나타나서, 해안 한구석에 있는 스노클링 장비를 임대하는 곳으로 우리를 데리고 갔다. 공기 흡입이 가능한 수경, 오리발, 구명조끼를 빌렸다. 수경과 오리발만 있으면 충분하지만 한 번도 스노클링을 해 본 적이 없어서 구명조끼까지 빌렸다. 임대료는 각각 2,000Tsh(1,600원)이었는데, 과연 어떻게 하기에 이런 장비까지 필요한지 모르겠지만 스노클링을 잘할 수 있을지 의문이다.

태어나서 처음으로 오리발을 움직여 보기도 하고, 수경을 끼고, 호흡하는 연습을 하면서 해안으로 갔다.

# 돌고래를 찾아라

모래사장에서 조그마한 배에 올라타고 10분 정도 나가니, 조금 더 큰 배가 바다에 떠 있었다. 수심이 얕아서 큰 배는 해안까지 못 오는 것 같았다. 조금 더 큰 배를 타고 30분 정도 바다로 나가니 잔지바르 섬이 저 멀리 보였다.

가이드가 열심히 이곳저곳 둘러보면서, 돌고래를 찾는 것 같았지만 돌고래의 모습은 보이지 않았다. 망망대해에 무슨 돌고래가 어디에 있는지, 이러다가 돌고래 구경도 못하는 것은 아닌지 하는 생각이 들었다.

우리 보트옆으로 유럽 사람이 탄 보트가 한 대 다가왔다. 이 보트도 돌고래를 찾지 못했는지 두 대가 같이 움직이면서 돌고래를 찾기 시작했다. 우리는 10분 전부터 스노클링 장비를 착용하고 언제라도 바다에 들어갈 준비를 하고 있었는데, 돌고래는 보이질 않는다.

가끔 저 멀리 돌고래가 있다고 하지만 보이지도 않는 먼곳을 가리킨다. 한 시간 정도 지났을 때 돌고래 3마리가 보트 주변에 신기하게 나타났다. 가이드가 이제 바다로 들어가라고 하였다. 옆을 보니, 유럽인 두 사람은 돌고래가 가는 방향으로 계속해서 스노클링을 하면서 따라가고 있었다. 거의 보트와 맞먹는 스피드로 수영하는 사람들이 부러웠다.

수영을 잘 못하지만 구명조끼를 믿고 바다에 들어갔다. 수경에 물이 들어오는지를 확인하고 조금씩 스노클링을 하니, 생각보다 오리발이 무거워서 힘들었다. 호흡에 집중하다가 바다 속을 보니 돌고래 3마리가 10m 밑에서 헤엄치고 있었다. 정말 멋진 장관이었다.

'돌고래를 이렇게 가까이 볼 수 있다니, 이래서 돌고래 사파리이구나!'라는 생각이 들었다. 돌고래가 헤엄쳐 나가는 방향으로 나도 조금 가다가 멈추고, 다시 오리발을 저어서 돌고래를 구경하는 것을 반복했다.

몇 번 돌고래를 따라가다 보니 금방 힘이 빠져 버렸다. '내가 왜 스노클링을 배우지 않았을까'란 후회가 들었다. 몇 번 바다에서 스노클링을 하니 팔과 다리가 아파 왔다. 20여 분이 지나니 돌고래가 우리 주변에서 전부 사라졌는지 이제 가이드가 돌아가지고 했다.

돌아올 때는 산호초 스노클링을 하려고 하였지만, 해파리가 너무 많아서 지금은 들어갈 수 없다고 했지만 돌고래 사파리에서 힘이 너무 많이 빠져 버려서 아까운 생각은 전혀 들지 않았다.

해변으로 돌아와서 점심을 먹고, 스톤타운으로 돌아왔다. 오늘은 돌고래 사파리를 출발하기 전에 에어컨이 있는 템보 호텔을 예약했다. 에어컨이 있는 호텔에서 빨리 샤워를 하고 낮잠을 자고 싶은 생각밖에 없다.

# 스톤타운

    돌고래 사파리를 마치고, 다시 잔지바르 스톤타운으로 돌아왔다. 과거 스톤타운은 아프리카 인근지역의 해상 무역의 중심지였다. 2천 년 전부터 사람이 거주한 지역으로 아랍, 인도, 아프리카, 유럽 사이의 무역 중심지 역할을 천 년 이상 하였고, 세계 문화유산으로 스톤타운 96ha가 지정되어 있다. 구불구불한 좁은 길, 원형 탑, 이슬람 교회와 같은 전체적인 도시 설계가 특색 있고, 스톤타운 내부의 옛 시가지 자체가 관광지이고, 한때 노예무역의 중심지였던 건물들도 남아 있다.

    잔지바르는 혁명이 일어난 1960년 이전까지는 스톤타운에 일반 원주민들은 살지 못하고, 인도사람들과 술탄 왕조의 후손들인 아랍계 사람들이 주로 살았지만, 혁명 이후에 일반 잔지바르 원주민이 살기 시작했다고 한다. 혁명으로 인해 인종적, 신분적 차별이 사라졌고 잔지바르를 다스리던 술탄 왕조도 사라졌다.

    오늘 지낼 템보 호텔도 스톤타운에 있으면서 백 년이 넘은 호텔이다. 호텔에 도착해서 샤워를 하고, 어제까지 입었던 옷과 오늘 스노클링을 하면서 바닷물에 젖은 옷들을 전부 세탁 서비스에 맡겼다.

    템보 호텔에서 낮잠을 자고 텔레비전도 보니 내가 휴양지에 왔다는 것이 실감났다. 빨래도 대신 해 주고, 오래간만에 책도 읽고 텔레비전을 보면서 오래간만에 편안한 휴식에 빠져 들었다.

해안에서 보이는 템보호텔(위) 잔지바르 템보 호텔(아래)

에메랄드 빛 바다와 검은 해안, 잔지바르Zanzibar **191**

# 잔지바르의 아침

오늘은 다르에스살람으로 돌아가는 날이다. 오전 5시에 일어나 어젯밤 무료 무선 인터넷이 가능했던 자리로 갔지만, 인터넷이 되지 않았디.

해안에 앉아 있으니, 아침부터 수영하는 사람도 있고 산책을 하는 사람도 있다. 운동을 하는 사람들은 현지인보다는 인도계가 더 많은 것 같다. 잔지바르의 상권은 대부분 인도계와 아랍계가 가지고 있어서 운동을 하는 사람도 돈이 많은 사람들인 것 같다.

해안 구석에 정박해 있는 군함 갑판 위에서 숯을 가지고 밥을 해 먹는 모습이 보였다. 동이 트니 점점 모기가 많아져서 다시 호텔 방 안으로 들어갔다.

말라리아의 공포는 계속된다.

잔지바르 항구

# 잔지바르 박물관

아침을 먹고, 오전에는 잔지바르 박물관으로 갔다. 박물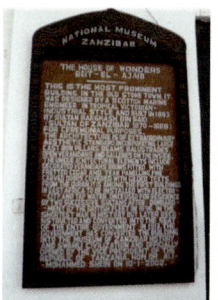
관 입장료는 3USD(미국달러)로 잔지바르에서는 탄자니아
현지화와 달러를 공용으로 쓸 수 있다. 관광지라서 탄자니
아 화폐보다는 미국 달러를 훨씬 더 좋아하는 것 같다.

박물관 앞 표지판에는, 1883년에 만들어졌고 스톤타운에
서 전기와 수도가 처음 들어온 건물이라고 설명되어 있었다.

잔지바르 스톤타운의 건물들은 산호초 시멘트로 만들
어졌다. 잔지바르 해안에 있는 산호를 채취해서 야자나무로 구우면 가루가 생기
는데, 이 가루가 시멘트와 같은 역할을 해서 스톤타운의 건물을 만들었다고 한다.
그렇지만 이런 산호가루를 이용한 방식을 계속하려면 수많은 산호초가 훼손되어
야 하고, 땔감으로 사용할 야자나무를 잘라야 되는 비환경적인 측면으로 현재에
는 더 이상 사용하지 않는다고 한다.

박물관에는 산호바위와 산호초를 태우기 위해서 야자나무를 어떻게 쌓았는
지 등을 단계별로 전시해 놓았고, 잔지바르 사람들의 전통적인 배의 축조 과정
과 왕족의 생활, 일반인들의 생활 등이 전시되어 있었다.

박물관에 오지 않았다면 스톤타운을 정확히 이해하지 못할 뻔했다. 박물관의 맨
위층으로 올라가서, 테라스에서 스톤타운 전경과 노예시장, 항구 등을 구경했다.

박물관 중앙에 있는 전통 배

산호바위

산호바위를 태우기 위해 야자나무를 넣은 모습

박물관 전시장

박물관 테라스에서 보이는 스톤타운

노예시장

# 다르에스살람으로 가는 쾌속선

2시 30분에 출발하는 배를 타기 위해서, 1시쯤 잔지바르 여객 터미널에 도착했다. 잔지바르에서 배를 타고 다르에스살람으로 갈 때에도 여권을 가지고 출국수속을 했다.

터미널은 생각보다 넓고, 여러 배들이 정박해 있었다. 쾌속선에 올라타니 생각보다 훨씬 깨끗했다. 이곳저곳을 구경하다가 보니 "여객 정원"이라는 한글 표지판이 있고, 에어컨이 LG의 제품이다. 아마 한국에서 사용하다가 중고로 팔려와 이곳에서 운행하는 것 같다.

VIP 좌석표를 샀는데, 밖에 보이는 여객 정원은 16명인데 VIP실에 앉아 있는 사람은 18명이다. 아마 2명을 더 초과해서 표를 판 것 같다. 16명은 정확하게 자기 좌석이 있고 2명은 팔걸이 같은 곳에 앉아야 하니, 빙 둘러앉아 있는 사람들

다르에스살람까지 가는 쾌속선

이 왠지 불편하다.

좁은 공간에 빙 둘러앉아 있으니, 옆에 있는 외국인들과 이야기를 나누었다. 대부분 탄자니아에서 살면서 잔지바르에 크리스마스 연휴를 보내기 위해서 왔다가 다르에스살람으로 돌아가는 길이었다.

캐나다인, 오스트리아인, 미국인도 있고, UN에서 일하는 사람, NGO 단체에서 일하는 사람으로 다양한 나라와 다양한 일을 하는 사람들이 있었다. 말라리아 이야기, 탄자니아 물가 이야기를 하면서 30여 분이 지나니, 뱃멀미를 하는지 점점 조용해졌다. 실내가 더워서 바닷바람을 맞기도 하면서 2시간이 지나니, 저 멀리 다르에스살람의 항구의 모습이 보이기 시작했다.

배에서 본 다르에스살람 항구

굿바이, 탄자니아

## 12월 31일

잔지바르에서 돌아와서 현장도 가고, 보고서를 적으면서 며칠을 보내니, 한 해의 마지막 날이 되었다. 한 해의 마지막 날을 탄자니아에서 보내게 될지 올 10월까지는 상상도 못했었는데 갑자기 오게 된 탄자니아에서 한 해가 넘어가고 있다.

사무실은 크리스마스 연휴 이후부터 출근하는 사람이 거의 없다. 한 해의 마지막 날 우리만 출근해서 일하는 것도 이상하고, 아무런 이벤트 없이 한 해의 마지막 날을 보내기가 아쉬워서, 퇴근하면서 도도마 호텔에 가서 저녁 식사를 하고 맥주를 한 잔 했다.

호텔에서는 오늘 밤에 파티가 있는지 부산하게 움직이고 있다. 호텔에서 영어 위성방송도 보고(집에는 위성방송도 없고 텔레비전이 잘 나오질 않는다), 에어컨이 있는 곳에서 잠도 자고(탄자니아는 남반구에 있기 때문에 12월이 되니 여름이 되어서, 밤에도 점점 더워지고 기온도 많이 올라가고 있다), 현지인들의 마지막 날 파티를 구경하려고 프론터에 빈 방이 있는지 물어보니, 파티를 하는 사람들이 벌써 예약을 했는지 방이 없다고 한다.

도도마 호텔에서 파티에 오는 사람들을 구경하다가 9시 30분쯤 집으로 왔다. 집에 돌아오니 우리 집 경비는 어디로 놀러 갔는지 보이질 않고, 온 동네가 음악 소리로 떠들썩하다. 아마 밤새 저 음악 소리를 듣게 될 것 같다. '제발 새벽에는 좀 조용했으면 좋겠는데'라는 생각만 들 뿐이다.

한국에 있는 아내와 통화를 하니, 나는 올해의 마지막 밤인데 아내는 새해의 새벽이다. 같은 시각에 통화를 하는데 연도가 다른 곳에 살고 있다.

연말에 제야의 종소리도 듣지 못하고 쓸쓸히 탄자니아에 있다는 것이 처량하게 느껴지지만, 곧 한국으로 돌아갈 것이라고 기대하면서 잠자리에 들었다.

탄자니아에서 새해를 맞이하게 될 줄이야!

도도마호텔 내부

# 새해 첫날을 중국식당에서 맞이하기

중국집 입구

새해 첫날이 되었다. 새해 첫날부터 우리만 출근해서 일을 하는 것도 서글플 것 같아서, 에어컨이 있는 도도마 호텔의 객실을 하나 빌려 위성방송을 보면서 하루를 보내기로 했다.

점심은 호텔중국집에 특별 요리를 주문했다. 짬뽕이 먹고 싶어서 그림까지 그려 주면서 이야기했는데, 짬뽕을 이해시키는 데 실패했지만 사천식 샤브샤브 그림이 나왔다. 주방장이 모르는 짬뽕을 고집하기보다는 주방장이 아는 요리를 먹는 것이 좋을 것 같아서 사천식 샤브샤브를 먹기로 했다.

메뉴판에 없는 특별 주문한 요리로, 가격은 1인분에 15,000Tsh(12,000원)으로 협상했다. 12시가 되어서 중국집에 가니 점심이 준비되어 있었다. 매운 국물에 소고기, 야채, 생선살 등을 넣으니 새해 첫날 먹는 별식이 되었다.

앞으로 중국집에 가서 먹고 싶은 요리가 있으면, 그림을 그려서라도 만들어 달라고 하면 된다는 것을 깨달았다.

하루 종일 시원한 호텔에서 텔레비전도 보고 책도 읽으면서 새해 첫날을 보냈다. 돌아갈 날이 10일도 남지 않았다는 사실 자체만으로도 하루하루를 즐겁게 생활한다.

새해 점심식사

## 도도마의 마지막 밤

내일이면 도도마를 떠나야 한다. 이제 2달간의 용역기간을 마무리하고, 한국으로 돌아간다. 단장님은 탄자니아에 계속 남아서 앞으로 몇 달간 최종 마무리를 할 것이다.

내일 떠난다는 것을 아는, 주변 사람들이 변하고 있다. 특히 우리 집 경비원은 전혀 말을 듣지 않는다. 이제 출발하는 날짜를 알고 있으니, 우리의 실체를 알고 있는 가장 무서운 강도가 될 수도 있어, 걱정이 된다. 최근에는 말도 없이 집을 나갔다가 잘 나타나지도 않고, 저녁이면 우리 동네 가로등인 담장 형광등도 켜지 않아서 내가 직접 불을 켜고 있다.

오늘 밤에는 재주 씨와 같이 실내와 통하는 모든 문을 철저히 잠가서 외부에서 방으로 침입하지 못하도록 했다. 외국인으로 이곳에서 잠시 살다가 간다는 것은 언제나 이방인인 것 같다.

도도마의 건조한 날씨와 새벽에 부는 바람, 우기에 내리는 비도 이제는 보지 못할 것 같다. 더 이상 모기에 시달리지 않아도 된다는 사실은 즐겁지만, 새벽에 일어나 마당에 나가서 커피 한 잔을 마시는 여유는 정말 아쉽다.

언제 다시 도도마에 들어와서 생활할 기회가 있을지 모르겠지만, 이곳이 그리워질 것이다.

도도마 도로 모습

## 다르에스살람에 도착

　다르에스살람 입구부터 완전히 꽉 막혀 있다.

　교통 체증을 뚫고 시내까지 들어가려면 아마 몇 시간은 걸릴 것 같다. 탄자니아에 무슨 교통 체증이 있고 차가 많겠느냐고 생각하고 왔지만, 수많은 차와 열악한 도로 시스템으로 교통 체증은 상상을 초월했다.

　시내로 진입해서 호텔로 향하는 도중에, 시커먼 연기가 피어올라 어디 불이 났나 생각했는데, 그 연기 실체를 보니 타이어와 쓰레기를 태우고 있었다.

　이렇게 연기가 난다면 누가 나서서 못 하게 할 것 같은데 아무런 조치 없이 그냥 둔 것이다.

　가는 날까지 이해하지 못하고 그냥 받아들여야 할 것이 너무 많다.

폐타이어와 쓰레기가 타고 있었던 연기의 출처

# 메디테리안 호텔

오늘은 다르에스 살람에서 저녁을 먹고, 하루 밤을 보내고 내일은 중앙정부 쪽 사람들과 만나고, 다음 날은 한국을 향해서 출발을 하면 된다.

이번 다르에스살람의 숙소는 해안에 있는 "Mediterranean Hotel"에 지내기로 했다. 하루에 100USD가 훨씬 넘는 호텔이지만, 지금은 비수기라서 80USD였다. 언제 내가 다시 탄자니아에 올지 모르겠지만, 해안에 있는 고급 호텔에서 잠을 자는 것이 마지막 기회일 수도 있을 것 같아서 이틀 밤은 호화롭게(?) 살기로 했다.

호텔은 해안의 모래사장과 바로 연결되고, 파도 소리가 들리는 레스토랑과 카페는 정말 멋있었다. 특히, 새벽에 레스토랑에 앉아서 밤새 물고기를 잡고 돌아오는 배와 해안에서 물고기를 잡는 사람들을 볼 수 있고, 바닷물이 레스토랑의 얇은 유리창에 파도를 튀기면서 점점 빠져 나가는 것을 볼 수 있었다.

새벽의 고요함에 너무나 선명한 파도 소리를 들을 수 있었다.

아프리카페 커피

오늘은 중앙정부 사람들과 만나서 프로젝트의 현황을 나누고 작별 인사를 하고, 시내에 있는 에미레이트 항공사 사무실로 갔다. 한국이라면 비행기 확약을 받을 필요가 없겠지만, 일정이 변경되면서 비행기 예약을 바꾸었는데 안심이 되지 않아 항공사로 가서 확인을 하기로 했다.

시내에 있는 에미레이트 항공 사무실에 들어가니 많은 사람들로 붐비고 있었다. 탄자니아에 와서 처음 본 번호표를 뽑는 기계에서 대기 번호표를 뽑았다. 내가 처음 가지고 간 전자 항공권(E-Ticket)을 보여 주면서, 내일로 변경이 정확하게 되었는지를 확인하고 사무실에서 나왔다. 기다린 시간 40분에 확인시간은 5분도 걸리지 않았다.

항공권을 확인하고, 한국으로 가지고 갈 선물을 사기 위해 쇼핑센터로 갔다. 내가 즐겨 마시던 "아프리카페"라는 인스턴트커피가 가격도 저렴하면서, 무게도 가볍고, 탄자니아 특색도 있어 한 달 전부터 귀국 선물로 결정했었다.

저번 크리스마스 때 잔지바르에 갔다 오면서 면세점의 아프리카페 가격을 보니, 시내 쇼핑센터에서 세금을 내고 사는 것보다 더 비쌌기 때문에 쇼핑센터에서 종업원에게 박스째로 주문을 하니 창고에서 가지고 왔다. 주방용 비닐 랩도 한 개를 사와서 랩으로 박스를 포장했다. 랩은 가벼우면서도 밀봉과 방습이 되는 아주 저렴하고 가벼운 최고의 포장지이다.

이제 선물도 준비했고, 내일 출발만 하면 끝이다.

공항 면세점

# 탄자니아를 떠나면서

다르에스살람 국제공항에 도착했다.

부안 검색 줄을 많이 서서, 혹시 늦을까 걱정스러워, 5시경에 출발하는 비행기인데 12시쯤 도착해서 공항으로 빨리 들어왔다. 단장님과 작별 인사를 하고 비행기 탑승권을 받으니, 한 주 이상을 나를 설레게 했던 이곳을 출발한다는 기쁨이 사라지면서, 나의 첫 해외 근무지였던 탄자니아를 떠난다는 것이 섭섭함과 2개월간 힘들고 고생한 것들이 머릿속을 스쳐 지나가기 시작했다.

말라리아의 걱정에서 해방되는 것은 어떤 즐거움과 바꿀 수 없다. 가슴 한구석에 항상 말라리아를 걱정하고 살았었다.

수많은 탄자니아의 모습을 이해하려고 했지만, 이해할 수 없는 그 무엇인가를 남겨놓고, 이곳을 떠난다.

빨리 집으로 가고 싶다.

## 에필로그

정말 어렵게 만든 책이다. 갔다 온 지 몇 년이 지났지만, 내가 갔다 왔을 때와 지금의 모습은 많이 변하지 않았을 것이라 확신한다. 아프리카의 시계는 한국의 시계가 돌아가는 속도와 다른 것 같다.

탄자니아 관련 프로젝트들에도 관여하고, 아는 척도 하지만, 아직까지 탄자니아는 모르는 것이 너무 많이 있는 것 같다.

나의 첫 해외 근무지인 탄자니아는 영원히 내 머릿속에 남을 것이다. 아프리카의 초원과 동물들, 교통 체증, 비포장도로, 마을 주민들, 수많은 스쳐 지나가는 것들이 전부 다 행복하게 살기를 바란다.

지금도 어려운 아프리카에서 생활해야만 하는 많은 분들에게 격려를 보낸다.

내가 주로 생활한 도도마 지역에 치중되어 있어, 탄자니아 전체를 이야기한 것은 아니다. 잠깐 스쳐 지나가는 사람이 적은 단편적인 이야기로 이해해 주셨으면 좋겠다.

아프리카는 한 사람이 잠깐 살았던 이야기로 일반화될 수 있는 대륙이 아니다. 무한한 잠재력, 힘과 고통이 숨어 있다.

− Special Thanks −

　탄자니아에서 많은 도움을 주셨던 한국국제협력단 남권형 소장님, 한국농어촌공사의 최종학 단장님, 방성수 차장님, 이재주 씨께 특별한 감사의 말씀을 전합니다.

# 손주형

1970년 부산에서 출생해서, 지하수 환경 분야의 이학박사로써, 1996년 한국농어촌공사에 입사해 지하수, 환경, GIS 전문가로 근무를 하다가 2007년부터 에티오피아, 케냐, 탄자니아, DR 콩고, 남아프리카공화국, 가나 등 아프리카 여러 나라의 출장을 기회로 아프리카에서 생활한 글을 적고 있다.

케냐, 에티오피아, 탄자니아, 캄보디아에서 한국의 무상원조의 식수 및 농촌개발 전문가로 활동했으며, 필리핀, 캄보디아, 라오스, 인도네시아, DR 콩고에서는 식량, 식수, 해외투자, 자원 등의 다양한 분야로 근무를 하고 있다.

최근에는 여러 개발도상국의 해외사업에 자문 및 참여를 하고 있으며, 신재생에너지 분야에도 활동을 하고 있다.

저서로는 〈에티오피아, 천년 제국에 스며들다〉, 〈케냐, 아빠 함께 가요〉가 있다. 학회활동으로 〈가나에는 가나 초콜렛이 없다〉, 〈한국지하수 산업의 아프리카 진출방안〉 등 지하수 관련된 다수의 발표문 및 논문이 있다.

# 잠보, 세렝게티, 잔지바르
# 탄자니아

초판인쇄   2012년 4월 20일
초판발행   2012년 4월 20일

지은이    손주형
펴낸이    채종준
펴낸곳    한국학술정보(주)
주 소    경기도 파주시 문발동 파주출판문화정보산업단지 513-5
전 화    (031) 908-3181(대표)
팩 스    (031) 908-3189
홈페이지   http://ebook.kstudy.com
E-mail   출판사업부 publish@kstudy.com
등 록    제일산-115호(2000.6.19)

ISBN    978-89-268-3267-7 03980(Paper Book)
        978-89-268-3268-4 08980(e-Book)

이담
Books 는 한국학술정보(주)의 지식실용서 브랜드입니다.